高等院校大学数学系列教材

U0738878

高等数学作业册
（上）

主　编　金永阳　李素兰

参　编　马　青　孟　莉

詹国平　张素红

ZHEJIANG UNIVERSITY PRESS
浙江大学出版社
·杭州·

图书在版编目（CIP）数据

高等数学作业册. 上 / 金永阳，李素兰主编.
杭州：浙江大学出版社，2024. 8. -- ISBN 978-7-308
-25315-4

Ⅰ. O13-44

中国国家版本馆 CIP 数据核字第 2024J73T43 号

高等数学作业册（上）

主　编　金永阳　李素兰

策划编辑	徐　霞（xuxia@zju.edu.cn）
责任编辑	徐　霞
责任校对	秦　瑕
封面设计	春天书装
出版发行	浙江大学出版社
	（杭州市天目山路 148 号　邮政编码 310007）
	（网址：http://www.zjupress.com）
排　版	杭州星云光电图文制作有限公司
印　刷	杭州宏雅印刷有限公司
开　本	787mm×1092mm　1/16
印　张	8.75
字　数	166 千
版印次	2024 年 8 月第 1 版　2024 年 8 月第 1 次印刷
书　号	ISBN 978-7-308-25315-4
定　价	25.00 元

前　言

　　由同济大学数学科学学院编的《高等数学》一直受到全国高等院校的欢迎与好评,发行量极大,影响很广。该套教材的读者既有在校师生,也有很多自学读者。为了帮助读者更好地掌握高等数学的核心知识和基本的解题技能,我们组织教学经验丰富的老师,结合自身多年的教学实践,为此教材编写了配套的作业册。

　　本作业册是按章节编写的,可作为高等数学习题课教程和课后作业配套使用。内容包含一些基础题目和难度适中的题目,便于学生巩固基础知识,复习相关知识点,加深理解相关概念的准确含义;还增加了一些难度略大的题目和综合性题目,目的是给那些愿意多学、多练及准备考研的学生提供一些典型习题,从而开阔解题思路,提高解题能力,培养良好的数学思维;也为教师在备课、复习、考试命题等环节中提供一些参考资料。

　　题型包含单选题、填空题、计算题、证明题,以及综合题和应用题,内容由浅入深,循序渐进。本作业册不仅对知识点有较大的覆盖面,而且针对重点和难点内容安排了更多的训练题目,从而使读者不仅能提高解答重要教学内容题目的能力和技巧,而且对《高等数学》的核心知识有更准确、更深刻的认识。

　　本书参编人员是:金永阳(第一章),孟莉(第二章),李素兰(第三章),马青(第四章),詹国平(第五、六章),张素红(第七章)。全书由金永阳、李素兰和马青负责统稿和审校,在编写过程中得到了浙江工业大学数学科学学院"高等数学"基层教学组织全体老师的帮助、指点和纠错,另外也得到了浙江工业大学数学学科的大力支持,在此表示衷心感谢。

　　编者恳切希望广大读者能指出书中的不足之处,提出积极建议,使之不断完善。

编者

2024 年 7 月

目　录

第一章　函数与极限

§1.1　映射与函数

1. 求下列函数的自然定义域：

(1) $y = \arcsin \sqrt[3]{x-1}$；

(2) $y = \ln \arctan \dfrac{1}{x}$；

(3) $y = \dfrac{e + e^{\frac{1}{x}}}{e - e^{\frac{1}{x}}}$；

(4) $y = \sqrt{\sin x} + \sqrt{16 - x^2}$.

2. 已知函数 f 的定义域是 $[0,1]$，求下列函数的定义域：

(1) $f(\ln x)$；

(2) $f(\arctan x)$.

3. 填空题：

(1)若 $f(x)$ 为定义在 $(-l,l)$ 内的奇函数，则 $f(0)=$ _____.

(2)若 $f_1(x),f_2(x)$ 为 $(-\infty,+\infty)$ 内的奇函数，$g_1(x),g_2(x)$ 为 $(-\infty,+\infty)$ 内的偶函数，则 $f_1(x)\cdot f_2(x)$ 是 _____（奇、偶）函数，$g_1(x)\cdot g_2(x)$ 是 _____（奇、偶）函数，$f_1(x)\cdot g_2(x)$ 是 _____（奇、偶）函数，$f_1(x)+f_2(x)$ 是 _____（奇、偶）函数，$g_1(x)+g_2(-x)$ 是 _____（奇、偶）函数，$f_2(-x)-f_1(x)$ 是 _____（奇、偶）函数.

(3)函数 $|\sin 2x|$ 的最小正周期为 _____.

(4)设 $f(x)=e^x,f[\varphi(x)]=1-x$ 且 $\varphi(x)\geqslant 0$，则 $\varphi(x)=$ _____.

4. 求下列函数的反函数：

(1)$y=\dfrac{e^x-e^{-x}}{e^x+e^{-x}}$；　　　　　　(2)$y=2\sin 3x\ \left(\dfrac{\pi}{6}\leqslant x\leqslant\dfrac{\pi}{2}\right)$.

5. 证明函数 $f(x)=x-[x]$ 是 $(-\infty,+\infty)$ 内的有界周期函数，其中 $[x]$ 表示不超过 x 的最大整数.

§1.2　数列的极限

1. 判断题：

(1)有界的数列一定收敛；　　　　　　　　　　　　　　　　　　　　（　　）

(2)无界的数列一定发散；　　　　　　　　　　　　　　　　　　　　（　　）

(3)收敛的数列一定单调；　　　　　　　　　　　　　　　　　　　　（　　）

(4)设 a,b 为两个实数，若对任意的正数 ε 都有 $|a-b|<\varepsilon$，则 $a=b$.　（　　）

2. 若 $\lim\limits_{n\to\infty}a_n=A$ $(A\neq0)$，则当 n 充分大时，必有（　　　）.

(A)$|a_n|\leqslant A$　　　　(B)$|a_n|\geqslant|A|$　　　　(C)$|a_n|\leqslant\dfrac{|A|}{2}$　　　　(D)$|a_n|>\dfrac{|A|}{2}$

3. 设有两个数列 $\{a_n\}$，$\{b_n\}$，且 $\lim\limits_{n\to\infty}(b_n-a_n)=0$，则（　　　）.

(A)$\{a_n\}$，$\{b_n\}$ 必都收敛，且极限相等

(B)$\{a_n\}$，$\{b_n\}$ 必都收敛，但极限未必相等

(C)$\{a_n\}$ 收敛，而 $\{b_n\}$ 发散

(D)$\{a_n\}$ 和 $\{b_n\}$ 可能都发散，也可能都收敛

4. 数列 $\{a_n\}$ 无界是 $\{a_n\}$ 发散的（　　　）.

(A)必要非充分条件　　　　　　　　(B)充分非必要条件

(C)充分必要条件　　　　　　　　　(D)既非充分又非必要条件

5. 用数列极限的定义证明：(1)若 $\lim\limits_{n\to\infty}a_n=a$，则 $\lim\limits_{n\to\infty}|a_n|=|a|$；

(2)若 $\lim\limits_{n\to\infty}|a_n|=0$，则 $\lim\limits_{n\to\infty}a_n=0$；

另外请举例说明，数列 $\{|a_n|\}$ 收敛，数列 $\{a_n\}$ 未必收敛.

6. 用数列极限的定义证明：$\lim\limits_{n\to\infty}a^n=0$ （其中 $0<a<1$）.

7. 用数列极限的定义（放缩法）证明：$\lim\limits_{n\to\infty}\dfrac{n!}{n^n}=0$.

8. 对于数列 $\{x_n\}$，若 $x_{2n-1}\to a$，$x_{2n}\to a$ $(n\to\infty)$，证明：$x_n\to a$ $(n\to\infty)$.

§1.3　函数的极限

1. 判断题：

(1) 若 $f(x)$ 在 x_0 处存在左极限和右极限，则 $f(x)$ 在 x_0 处存在极限；　　　　（　　）

(2) 若 $f(x)$ 在 x_0 处存在极限，则 $f(x)$ 在 x_0 的某个去心邻域内有界；　　（　　）

(3) 当 $x \to \infty$ 时，$\arctan x$ 的极限不存在；　　　　　　　　　　　　　（　　）

(4) 若 $f(x)$ 在 x_0 的某去心邻域内满足：$f(x) > 0$ 且 $\lim\limits_{x \to x_0} f(x) = a$，则 $a > 0$.（　　）

2. $f(x)$ 在点 x_0 处有定义是极限 $\lim\limits_{x \to x_0} f(x)$ 存在的（　　　）.

(A) 必要条件　　　　　　　　　　(B) 充分条件

(C) 充分必要条件　　　　　　　　(D) 既非必要又非充分条件

3. 讨论：$\lim\limits_{x \to 0} \dfrac{x}{|x|}$ 是否存在？

4. 讨论：$\lim\limits_{x \to 0} x \operatorname{sgn} x$ 是否存在？

5. 利用函数极限的定义证明: $\lim\limits_{x \to 2}(2x-5)=-1$.

6. 证明 $\lim\limits_{x \to 0}\cos\dfrac{1}{x}$ 不存在.

7. 证明 $\lim\limits_{x \to \infty}\text{arccot}\, x$ 不存在.

§1.4 无穷小与无穷大

1. 判断题：

(1) $e^x \cos x$ 是 $x \to +\infty$ 时的无穷大；　　　　　　　　　　（　　）

(2) "$\alpha(x)$ 为 $x \to x_0$ 时的无穷小"是"$|\alpha(x)|$ 为 $x \to x_0$ 时的无穷小"的充要条件.

　　　　　　　　　　　　　　　　　　　　　　　　　　　　（　　）

2. 若 $\lim\limits_{x \to x_0} f(x) = A$ （A 为常数），则当 $x \to x_0$ 时，函数 $f(x) - A$ 是（　　）.

　　(A) 无穷大　　　　　　　　　　　　(B) 无界，但非无穷大

　　(C) 无穷小　　　　　　　　　　　　(D) 有界，而未必为无穷小

3. 若 $\lim\limits_{x \to x_0} f(x) = \infty$，$\lim\limits_{x \to x_0} g(x) = 0$，则当 $x \to x_0$ 时 $f(x) \cdot g(x)$（　　）.

　　(A) 必为无穷大　　　　　　　　　　(B) 必为无穷小

　　(C) 必趋向于非零常数　　　　　　　(D) 极限值不能确定

4. 下列叙述正确的是（　　）.

　　(A) 无穷小数列未必是有界数列　　　(B) 无穷大数列必为无界数列

　　(C) 无界数列一定是无穷大数列　　　(D) 无界数列未必发散

5. 令 $f(x) = \dfrac{1}{x} \cdot \sin \dfrac{1}{x}$ （$0 < x < +\infty$），则下列表述正确的是（　　）.

　　(A) $f(x)$ 为 $x \to +\infty$ 时的无穷小　　(B) $f(x)$ 为 $x \to 0^+$ 时的无穷大

　　(C) 当 $x \in (0, +\infty)$ 时 $f(x)$ 有界　　(D) $f(x)$ 为 $x \to 0^+$ 时的无穷小

6. 函数 $f(x) = x \sin x$ 在 $(-\infty, +\infty)$ 内是否有界？此函数是不是 $x \to +\infty$ 的无穷大，为什么？

7. 试问以下命题是否成立？若成立，请给出证明，若不成立，请举出反例.

(1)两个无穷小的商是否一定是无穷小？

(2)两个无穷大的商是否一定是无穷大？

(3)两个无穷大的乘积是否一定是无穷大？

(4)无穷大乘以有界函数是否一定是无穷大？

§1.5　极限运算法则

1. 判断题：

(1) 若 $\lim\limits_{x \to x_0} f(x)$ 存在，$\lim\limits_{x \to x_0} g(x)$ 不存在，则 $\lim\limits_{x \to x_0} [f(x) + g(x)]$ 必不存在；　　　　　　　（　　）

(2) 若 $\lim\limits_{x \to x_0} f(x)$ 和 $\lim\limits_{x \to x_0} g(x)$ 都不存在，则 $\lim\limits_{x \to x_0} [f(x) + g(x)]$ 必不存在；　　　　（　　）

(3) 若 $\lim\limits_{x \to x_0} f(x)$ 存在，$\lim\limits_{x \to x_0} g(x)$ 不存在，则 $\lim\limits_{x \to x_0} [f(x) \cdot g(x)]$ 必不存在；　　　　（　　）

(4) 若 $\lim\limits_{n \to \infty} b_n = 1$，$\lim\limits_{n \to \infty} c_n = \infty$，则 $\lim\limits_{n \to \infty} b_n c_n$ 不存在.　　　　　　　　　　　　（　　）

2. 若 $\lim\limits_{x \to x_0} f(x) = \infty$，$\lim\limits_{x \to x_0} g(x) = \infty$，则下式中必定成立的是（　　　　）.

(A) $\lim\limits_{x \to x_0} [f(x) + g(x)] = \infty$　　　　　　(B) $\lim\limits_{x \to x_0} [f(x) - g(x)] = 0$

(C) $\lim\limits_{x \to x_0} \dfrac{f(x)}{g(x)} = c \neq 0$　　　　　　(D) $\lim\limits_{x \to x_0} k f(x) = \infty$　　$(k \neq 0)$

3. 计算下列极限：

(1) $\lim\limits_{x \to -1} \dfrac{x^2 + 1}{x - 1}$；　　　　　　　　　　(2) $\lim\limits_{x \to -1} \dfrac{x^2 - 1}{x + 1}$；

(3) $\lim\limits_{h \to 0} \dfrac{(x+h)^2 - x^2}{h}$；　　　　　　　(4) $\lim\limits_{x \to \infty} \dfrac{2x^2 - x - 1}{x^2 + x + 1}$；

(5) $\lim\limits_{n \to \infty} \dfrac{1 + 2 + 3 + \cdots + n}{n^2}$；　　　　　(6) $\lim\limits_{n \to \infty} \dfrac{1 + 2^2 + 3^2 + \cdots + n^2}{n^3}$；

$(7)\lim\limits_{n\to\infty}\left(1+\dfrac{1}{2}+\dfrac{1}{2^2}+\cdots+\dfrac{1}{2^n}\right);$ 　　　　$(8)\lim\limits_{n\to\infty}\sqrt{n}\,(\sqrt{n+2}-\sqrt{n+1});$

$(9)\lim\limits_{x\to0}x\sin\dfrac{1}{x^2};$ 　　　　　　　　$(10)\lim\limits_{x\to+\infty}\dfrac{\operatorname{arccot}x^2}{\sqrt{x}};$

$(11)\lim\limits_{x\to1}\left(\dfrac{1}{1-x}-\dfrac{3}{1-x^3}\right);$ 　　　$(12)\lim\limits_{x\to\infty}\dfrac{x^3}{2x^2+1}.$

4. 求极限：$\lim\limits_{n\to\infty}\left[\dfrac{1}{1\cdot2}+\dfrac{1}{2\cdot3}+\dfrac{1}{3\cdot4}+\cdots+\dfrac{1}{n(n+1)}\right].$

5. 确定 a,b 的值，使得 $\lim\limits_{x\to\infty}\left(\dfrac{x^2+1}{x+1}-ax-b\right)=0.$

§1.6　极限存在准则　两个重要极限

1. 计算下列极限：

$(1)\lim\limits_{x\to 0}\dfrac{\sin 3x}{\sin 2x}$;

$(2)\lim\limits_{x\to\infty}x\sin\dfrac{1}{x}$;

$(3)\lim\limits_{n\to\infty}n^2\left(1-\cos\dfrac{1}{n}\right)$;

$(4)\lim\limits_{n\to\infty}\dfrac{n^n}{(n+1)^n}$;

$(5)\lim\limits_{x\to 0}(1-x)^{\frac{2}{x}}$;

$(6)\lim\limits_{x\to 0}\dfrac{1-\cos 2x}{x\tan x}$.

2. 利用夹逼准则证明：

$(1)\lim\limits_{x\to+\infty}\dfrac{[x]}{x}=1$,其中$[x]$为取整函数；

$(2) \lim\limits_{n \to \infty} n\left(\dfrac{1}{n^2+1}+\dfrac{1}{n^2+2}+\cdots+\dfrac{1}{n^2+n}\right)=1;$

$(3) \lim\limits_{n \to \infty}\left(\dfrac{1}{n^2+n+1}+\dfrac{2}{n^2+n+2}+\cdots+\dfrac{n}{n^2+n+n}\right)=\dfrac{1}{2}.$

3. 设 $x_1=4$, $x_{n+1}=\sqrt{2x_n+3}$ $(n=1,2,\cdots)$, 证明 $\lim\limits_{n \to \infty} x_n$ 存在, 并求此极限值.

§1.7　无穷小的比较

1. 当 $x \to x_0$ 时，$\alpha(x)$ 与 $\beta(x)$ 是等价无穷小，则当 $x \to x_0$ 时 $\sin\alpha(x)$ 为 $\cos\beta(x)-1$ 的（　　）．

(A)高阶无穷小　　　　　　　(B)低阶无穷小

(C)等价无穷小　　　　　　　(D)同阶但非等价无穷小

2. 若 $\lim\limits_{x\to0}\dfrac{f(x)}{x^k}=0$，$\lim\limits_{x\to0}\dfrac{g(x)}{x^{k+1}}=c\neq0$ $(k>0)$，则当 $x\to0$ 时，无穷小 $f(x)$ 与 $g(x)$ 的关系是（　　）．

(A)$f(x)$ 为 $g(x)$ 的高阶无穷小　　(B)$g(x)$ 为 $f(x)$ 的高阶无穷小

(C)$f(x)$ 为 $g(x)$ 的同阶无穷小　　(D)无确定结论

3. 当 $x\to1$ 时，$1-x$ 为 $1-x^3$ 的（　　）．

(A)低阶无穷小　　　　　　　(B)同阶但非等价无穷小

(C)等价无穷小　　　　　　　(D)高阶无穷小

4. 利用等价无穷小的性质，求下列极限：

(1)$\lim\limits_{x\to0}\dfrac{\sin6x}{\tan2x}$；

(2)$\lim\limits_{x\to+\infty}\sqrt{4x^2+1}\left(1-\cos\dfrac{1}{\sqrt{x}}\right)$；

(3)$\lim\limits_{x\to0}\dfrac{\sin x-\tan x}{x^3}$；

(4)$\lim\limits_{x\to0}\dfrac{x^3}{(\sqrt[3]{1+x^2}-1)(\sqrt{1+\tan x}-1)}$；

$(5) \lim\limits_{x\to 0} \dfrac{x(1-\cos 2x)}{\sin^2 x \cdot \arcsin x}$;

$(6) \lim\limits_{x\to \infty} \sqrt[7]{x^7+5x^6-6}-x$;

$(7) \lim\limits_{x\to 0} \dfrac{\arctan x^2}{(1+x+x^2)^{\frac{1}{3}}-1}$;

$(8) \lim\limits_{x\to 0} \dfrac{\sqrt{1-\cos x^2}}{1-\cos x}$.

§1.8　函数的连续性与间断点

1. 判断题：

(1) 如果 $f(x)$ 在 a 点处连续，则 $|f(x)|$ 也在 a 点处连续；　　　　　（　　）

(2) 如果 $|f(x)|$ 在 a 点处连续，则 $f(x)$ 也在 a 点处连续；　　　　　（　　）

(3) 如果 $f(x)$ 在 a 点处连续，且 $f(a)>0$，则存在 a 的某个邻域 $U(a)$，当 $x\in U(a)$ 时，$f(x)>0$；　　　　　（　　）

(4) 如果 $f(x)$ 在 a 点处连续，则 $\lim\limits_{x\to a}f(x)$ 必存在．　　　　　（　　）

2. $x=0$ 是函数 $x[x]$ 的（其中 $[x]$ 表示取整函数）（　　　）．

(A) 连续点　　　　(B) 可去间断点　　　　(C) 跳跃间断点　　　　(D) 第二类间断点

3. 若 $f(x)=\begin{cases}|x|^k\sin\dfrac{1}{x}, & x\neq 0,\\ 0, & x=0\end{cases}$ 在 $x=0$ 处连续，则 k 的最大取值范围是（　　　）．

(A) $k\geqslant 1$　　　　(B) $k\geqslant 0$　　　　(C) $k>0$　　　　(D) $k>1$

4. 若 $f(x)=\begin{cases}a+bx^2, & x\leqslant 0,\\ \dfrac{\sin bx}{2x}, & x>0\end{cases}$ 在 $x=0$ 处连续，则有（　　　）．

(A) $a=0,b=2$　　　　　　　　　　(B) $a=0,b$ 为任意实数

(C) $a=\dfrac{b}{2}$　　　　　　　　　　(D) $a+b=\dfrac{b}{2}$

5. 已知 $f(x)=\begin{cases}\dfrac{1-\sqrt{1-a^2x^2}}{1-\cos x}, & x\neq 0,\\ a, & x=0,\end{cases}$ $a\neq 0$，试确定 a 的值使 $f(x)$ 在 $x=0$ 处连续．

6. 设 $f(x) = \lim\limits_{n \to \infty} \dfrac{1}{1+x^n}$ $(x \geqslant 0)$，试指出其所有间断点及其类型.

7. 函数 $f(x) = \dfrac{x}{\tan \pi x}$ 在 $x = k$，$x = k + \dfrac{1}{2}$ $(k = 0, \pm 1, \pm 2, \cdots)$ 处间断，试判断这些间断点的类型，如果是可去间断点，那么补充或改变函数的定义使它连续.

§1.9　连续函数的运算与初等函数的连续性

1. 判断题：

(1) 如果 $f(x),g(x)$ 在 a 点处连续，则 $|f(x)+g(x)|$ 也在 a 点处连续；　　（　　）

(2) 如果 $f(x),g(x)$ 在 a 点处连续，则 $\min\{f(x),g(x)\}$ 也在 a 点处连续；　（　　）

(3) 如果 a 是 $f(x)$ 的间断点，则 a 也是 $f^2(x)$ 的间断点.　　　　　　　　（　　）

2. 已知 $f(x)=\dfrac{\sin\left[\sin(\sin x)\right]}{\sqrt{1+x\sqrt{1+x}}-1}$ $(x\neq 0)$，为使 $f(x)$ 在 $x=0$ 处连续，应补充定义

$f(0)=$ _____.

3. 已知 $f(x)=\dfrac{1-\mathrm{e}^{\frac{1}{x}}}{1+\mathrm{e}^{\frac{1}{x}}}$，点 $x=0$ 是 $f(x)$ 的（　　）.

(A) 可去间断点　　　　(B) 跳跃间断点　　　　(C) 无穷间断点　　　　(D) 连续点

4. 求下列极限：

(1) $\lim\limits_{x\to 0}\ln(2+\sin 2x)$；

(2) $\lim\limits_{x\to 0^-}\mathrm{e}^{\frac{1}{x}}$；

(3) $\lim\limits_{x\to 0}(2+x^2)^{2+x}$；

(4) $\lim\limits_{x\to +\infty}\left(\sqrt{x^2+x}-\sqrt{x^2-x}\right)$；

$(5) \lim\limits_{x \to \infty} \left(\dfrac{3+x}{6+x} \right)^{\frac{x}{2}}$;

$(6) \lim\limits_{x \to 0} (1+\sin x)^{2\csc x}$;

$(7) \lim\limits_{x \to 0} (\cos x)^{\frac{1}{x}}$;

$(8) \lim\limits_{x \to 0} \dfrac{\left(1 - \dfrac{x^2}{2}\right)^{\frac{2}{3}} - 1}{\sqrt[3]{(1-x)(1+x)} - 1}$;

$(9) \lim\limits_{x \to a} \dfrac{\sin x - \sin \alpha}{x - \alpha}$;

$(10) \lim\limits_{x \to e} \left(\dfrac{\ln x - 1}{x - e} \right)^2$.

5. 设 $f(x) = \begin{cases} \dfrac{\ln(x^2 + \sqrt{1+x^2})}{ax^2}, & x \neq 0, \\[3mm] a + \dfrac{1}{2}, & x = 0, \end{cases}$ 确定 a 的值使得 $f(x)$ 在 $x=0$ 处连续.

§1.10 闭区间上连续函数的性质

1. 下列函数中在 $(-1,1)$ 内至少有一个零点的是(   ).

$(A) f(x)=\begin{cases} x+1, & x\geqslant 0 \\ x-1, & x<0 \end{cases}$
$\qquad$
$(B) f(x)=\cos x$

$(C) f(x)=x^3-3x+1$
$\qquad$
$(D) f(x)=\begin{cases} \dfrac{\sin x}{x}, & x\neq 0 \\ 1, & x=0 \end{cases}$

2. 设 $f(x)$ 在 $[0,1]$ 上连续，并且对 $[0,1]$ 上任一点 x 有 $0\leqslant f(x)\leqslant 1$，证明：$[0,1]$ 上必存在一点 c，使得 $f(c)=c$（c 称为 $f(x)$ 的不动点）.

3. 证明：方程 $x=\sin x+2$ 至少有一个小于 3 的正根.

4. 设函数 $f(x)$ 在 (a,b) 内连续，$a < x_1 < x_2 < b$，证明在 (a,b) 内至少存在一点 ξ，使得

$$f(\xi) = \frac{f(x_1) + f(x_2)}{2}.$$

5. 设 $f(x)$ 在 $[0,2a]$ 上连续，且 $f(0) = f(2a)$，证明：至少有一点 $\xi \in [0,a]$，使得

$$f(\xi) = f(\xi + a).$$

第一章总复习题

1. $f(x)=x(e^x+e^{-x})$ 在其定义域 $(-\infty,+\infty)$ 内是（   ）.

(A)有界函数   (B)奇函数   (C)偶函数   (D)周期函数

2. 关于极限 $\lim\limits_{x\to 0}\dfrac{5}{3+e^{\frac{1}{x}}}$ 的结论正确的是（   ）.

(A)$\dfrac{5}{3}$ (B)0   (C)$\dfrac{5}{4}$ (D)不存在

3. 设正数列 $\{a_n\}$ 满足 $\lim\limits_{n\to\infty}\dfrac{a_{n+1}}{a_n}=0$，则（   ）.

(A)$\lim\limits_{n\to\infty}a_n=0$ (B)$\lim\limits_{n\to\infty}a_n=C>0$

(C)$\lim\limits_{n\to\infty}a_n$ 不存在   (D)$\{a_n\}$ 的敛散性不能确定

4. $x=0,1$ 为 $f(x)=\dfrac{\cos\frac{\pi}{2}x}{x(x-1)}$ 的两个间断点，它们的类型为（   ）.

(A)$x=0,x=1$ 都是第一类间断点

(B)$x=0$ 为第一类间断点，$x=1$ 为第二类间断点

(C)$x=0$ 为第二类间断点，$x=1$ 为第一类间断点

(D)$x=0,x=1$ 都是第二类间断点

5. 设 $f(x)=2^x+3^x-2$，则当 $x\to 0$ 时，（   ）.

(A)$f(x)$ 与 x 是等价无穷小   (B)$f(x)$ 为 x 的同阶但非等价无穷小

(C)$f(x)$ 为 x 的高阶无穷小   (D)$f(x)$ 为 x 的低阶无穷小

6. 设 $f(x)=\begin{cases}(1+2\sin x^2)^{\frac{1}{x^2}}, & x\neq 0,\\ a, & x=0\end{cases}$ 在 $x=0$ 处连续，则 $a=$ _____.

7. 求下列极限：

(1)$\lim\limits_{x\to 0}\dfrac{\csc x-\cot x}{x}$；

(2)$\lim\limits_{x\to 0}\dfrac{x\arctan x}{\sqrt{1-x^2}-1}$；

$(3) \lim\limits_{x \to \infty} \dfrac{x^2+2}{2x^2+x\sin x}$;

$(4) \lim\limits_{x \to -\infty} x(\sqrt{x^2+1}+x)$；

$(5) \lim\limits_{x \to 0^+} \dfrac{1-\sqrt{\cos x}}{x(1-\cos\sqrt{x})}$；

$(6) \lim\limits_{x \to 0} \dfrac{e^{\frac{1}{x}}-1}{e^{\frac{1}{x}}+1} \arctan \dfrac{1}{x}$；

$(7) \lim\limits_{x \to 0} \left(\dfrac{a^x+b^x+c^x}{3} \right)^{\frac{1}{x}} \ (a>0, b>0, c>0)$；

$(8) \lim\limits_{x \to 0} \dfrac{1}{x^3} \left[\left(\dfrac{2+\cos x}{3} \right)^x - 1 \right]$.

8. 证明: $\lim\limits_{n\to\infty}\left(\dfrac{1}{\sqrt{n^2+1}}+\dfrac{1}{\sqrt{n^2+2}}+\cdots+\dfrac{1}{\sqrt{n^2+n}}\right)=1.$

9. 证明方程 $\sin x - x = 1$ 至少有一个实根介于 -2 和 2 之间.

10. 求 a,b, 使得 $\lim\limits_{x\to+\infty}(5x-\sqrt{ax^2+bx+1})=2.$

11. 设当 $x \to 0$ 时，$(1 - \cos x)\ln(1 + x^2)$ 是比 $x \sin x^n$ 高阶的无穷小；而 $x \sin x^n$ 是比 $(e^{x^2} - 1)$ 高阶的无穷小，求正整数 n 的值.

12. $\lim\limits_{x \to \pi} f(x)$ 存在，且 $f(x) = \dfrac{\sin x}{x - \pi} + 2 \lim\limits_{x \to \pi} f(x)$，求 $f(x)$.

13. 讨论函数 $f(x) = \lim\limits_{n \to \infty} \dfrac{\ln(e^n + x^n)}{n}$ $(x > 0)$ 的连续性.

第二章　导数与微分

§2.1　导数概念

1. 填空：

(1) $(\sqrt{x})' = $ _____，$\left(\dfrac{1}{x}\right)' = $ _____，$\left(\dfrac{1}{x^2}\right)' = $ _____，$\left(\dfrac{x^2\sqrt[3]{x}}{\sqrt{x^3}}\right)' = $ _____；

(2) 设 $f(x) = \begin{cases} x^3 \mathrm{e}^{-x}, & x > 0, \\ x, & x \leqslant 0, \end{cases}$ 则 $f'_+(0) = $ _____，$f'_-(0) = $ _____，$f(x)$ 的

连续区间为 _____，可导区间为 _____；

(3) 设 $f(x)$ 可导，且 $\lim\limits_{x \to 0} \dfrac{f(a) - f(a - x)}{2\sin x} = -1$，则 $y = f(x)$ 在 $(a, f(a))$ 处的切线斜

率 $k = $ _____；

(4) 设 $f(0) = 0$，且 $f'(0) = A$，则 $\lim\limits_{x \to 0} \dfrac{f(x)}{x} = $ _____，$\lim\limits_{x \to 0} \dfrac{f(x) - f(-x)}{x} = $

_____；

(5) 设 $f(x)$ 在 $x = 0$ 连续，若 $\lim\limits_{x \to 0} \dfrac{f(x)}{x}$ 存在，则 $f'(0)$ _____（填"一定"或"不一

定"）存在，若 $\lim\limits_{x \to 0} \dfrac{f(x) - f(-x)}{x}$ 存在，则 $f'(0)$ _____（填"一定"或"不一定"）

存在；

(6) 已知 $f(x)$ 为偶函数，且 $f'(0)$ 存在，则 $f'(0) = $ _____．

2. 已知 $f(x) = \begin{cases} \cos x, & x < 0, \\ \mathrm{e}^x, & x \geqslant 0, \end{cases}$ 求 $f'(x)$．

3. 证明双曲线 $xy=1$ 上任一点处的切线与两坐标轴构成的三角形的面积是一个定常数.

4. 设 f 是以 4 为周期的可导函数,且 $\lim\limits_{h\to 0}\dfrac{f(1+h)-2f(1-h)}{h}=-1$,求曲线在 $x=5$ 处的切线方程和法线方程.

5. 若当 $x\in(-\delta,+\delta)$ 时恒有 $|f(x)|\leqslant x^2$,$f(x)$ 是否在 $x=0$ 处可导?

6. 设 $f(x)=\begin{cases}\sin x, & x<0,\\ ax+b, & x\geqslant 0,\end{cases}$ 当 a,b 取何值时,$f'(x)$ 在 $(-\infty,+\infty)$ 内都存在?并求出 $f'(x)$.

§2.2　函数的求导法则

1. 求下列函数的导数：

(1) $y = x^3 - 2^x + 2e^x$；

(2) $y = \tan x + 2\sec x + \sin 1$；

(3) $y = e^x \sin x$；

(4) $y = \dfrac{x}{\ln x}$；

(5) $y = \cot \dfrac{\sqrt{x}}{2} + \tan \dfrac{2}{\sqrt{x}}$；

(6) $y = \sqrt{x + \sqrt{x}}$；

(7) $s = \ln \cos \dfrac{1}{t}$；

(8) $s = \sin t^2 \sin^2 t$.

2. 设 $f(x)$ 可导，求下列函数的导数 $\dfrac{dy}{dx}$：

(1) $y = f(\sin^2 x) + f(\cos^2 x)$；

(2) $y = e^x f^2(x \ln x)$.

3. 已知 $f(x) = (x - a)\varphi(x)$，其中 $\varphi(x)$ 在 $x = a$ 处连续，求 $f'(a)$.

4. 设 $f(x) = x(x-1)(x-2)\cdots(x-99)$，求 $f'(0)$.

5. 设 $f'(u) = \sin u^2$，$y = f\left(\dfrac{2x+1}{2x-1}\right)$，求 $\dfrac{\mathrm{d}y}{\mathrm{d}x}$.

6. 设函数 f 满足下列条件：

(1) $f(x+y) = f(x)f(y)$，对一切 $x, y \in \mathbf{R}$；

(2) $f(x) = 1 + xg(x)$，而 $\lim\limits_{x \to 0} g(x) = 1$.

试证明 f 在 $\mathbf{R}$ 上处处可导，且 $f'(x) = f(x)$.

§2.3　高阶导数

1. 求下列函数的二阶导数：

(1) $y=x^2+\ln\sqrt{x}$；

(2) $y=e^{2x}\cos 3x$；

(3) $y=\tan x+\sec x$；

(4) $y=\arctan 2x$；

(5) $y=x\ln x$；

(6) $y=\ln\sin e^x$；

(7) $y=\sqrt{1-x^2}\arcsin x$；

(8) $y=xe^{x^2}$.

2. 设 $f''(x)$ 存在, 求 $y=\sin[f^2(x)]$ 的二阶导数 $\dfrac{d^2y}{dx^2}$.

3. 已知 $\dfrac{dx}{dy}=\dfrac{1}{y'}$, 求证 $\dfrac{d^2x}{dy^2}=-\dfrac{y''}{(y')^3}$.

4. 已知 $y=\dfrac{1}{x^2-3x+2}$, 求 $y^{(n)}$.

5. 已知 $f(x)=(x^2-3x+2)^n\cos\dfrac{\pi x^2}{16}$, 求 $f^{(n)}(2)$.

班级：_____   姓名：_____   学号：_____

§2.4 隐函数及由参数方程所确定的
函数的导数　相关变化率

1. 填空：

(1) 已知方程 $x-y+e^{xy}=0$ 确定了 y 是 x 的函数，则 $\dfrac{dy}{dx}\Big|_{x=0}=$ _____，

$\dfrac{d^2y}{dx^2}\Big|_{x=0}=$ _____；

(2) 已知 $\begin{cases} x=t-\sin t,\\ y=1-\cos t, \end{cases}$ 则 $\dfrac{dy}{dx}=$ _____，$\dfrac{d^2y}{dx^2}\Big|_{t=\frac{\pi}{3}}=$ _____；

(3) 曲线 $y=1+xe^y$ 在 $(-1,0)$ 处的切线方程是_____；

(4) 曲线 $\begin{cases} x=\cos t,\\ y=\sin t \end{cases}$ 在 $t=\dfrac{\pi}{2}$ 处的法线方程是_____；

(5) 若圆半径 R 以 2cm/s 的等速度增加，则当 $R=10$cm 时，圆面积增加的速度为 _____ cm²/s.

2. 求由下列方程所确定的隐函数的二阶导数 $\dfrac{d^2y}{dx^2}$：

(1) $y=\tan(x+y)$；　　　　　　　(2) $\arctan\dfrac{y}{x}=\ln\sqrt{x^2+y^2}$.

3. 求下列参数方程所确定的函数的二阶导数 $\dfrac{\mathrm{d}^2 y}{\mathrm{d}x^2}$：

$(1)\begin{cases} x = t\cos t, \\ y = t\sin t; \end{cases}$
$(2)\begin{cases} x = f'(t), \\ y = tf'(t) - f(t), \end{cases} f''(t)$ 存在且不为零.

4. 用对数求导法求下列函数的导数：

$(1)\ y = \left(1 + \dfrac{1}{x}\right)^{\sin x};$
$(2)\ y = \dfrac{\mathrm{e}^{\sin x}\sqrt[4]{x+1}}{\sqrt[3]{x^2 - 1}}.$

§2.5　函数的微分

1. 填空：

(1)已知函数 $y=f(x^2+x)$，f 可导，当自变量 $x=1$，自变量增量 $\Delta x=0.1$ 时，函数值增量的线性主部 $\mathrm{d}y=0.3$，此时，$f'(2)=$_____；

(2)可导函数 $y=f(x)$ 的微分 $\mathrm{d}y\big|_{x=x_0}$ 的几何意义是_____；

(3)若可导函数 $y=f(x)$ 的图像如右图所示，则在 x_0 处，Δy 的符号为_____（填"正""负"或"零"），$\mathrm{d}y$ 的符号为_____（填"正""负"或"零"），$\Delta y-\mathrm{d}y$ 的符号为_____（填"正""负"或"零"）；

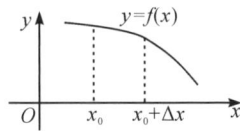

(4)已知函数 $y=f(x)$ 处处可导且导数不为零，那么当自变量增量 $\Delta x\to 0$ 时，$\Delta y-\mathrm{d}y$ 是关于 Δx 的_____无穷小，Δy 与 $\mathrm{d}y$ 是_____无穷小；

(5)$\mathrm{d}(\arctan \mathrm{e}^{\sin x})=$_____，$\mathrm{d}\sin x=$_____ $\mathrm{d}\sqrt{x}$.

2. 求下列函数的微分：

(1)$y=\dfrac{\sin x}{x}$；　　　　　　　　(2)$y=\arcsin\sqrt{1-x^2}$；

(3)$y=x^2\cdot 2^{-x}$；　　　　　　　　(4)$y=x\sqrt{1+x^2}+\ln(x+\sqrt{1+x^2})$.

3. 已知函数 $y = x^{x^x}$，求微分 $\mathrm{d}y\Big|_{x=e}$.

4. 求由方程 $\mathrm{e}^{x+y} + xy = 1$ 所确定的隐函数 $y = y(x)$ 在点 $(0,0)$ 处的微分 $\mathrm{d}y\Big|_{(0,0)}$.

第二章总复习题

1. 以下五题中给出了四个结论，从中选出一个正确的结论：

(1) 若 $\lim\limits_{x \to 0} \dfrac{2x}{f(1) - f(1-x)} = -3$，则 $f'(1) = ($　　$)$；

　　(A) $\dfrac{2}{3}$　　　　(B) $-\dfrac{2}{3}$　　　　(C) -6　　　　(D) $\dfrac{1}{6}$

(2) 设函数 f 在 $x=0$ 的邻域 $U(0)$ 内有定义，且满足 $x \leqslant f(x) \leqslant x + 2x^2$，$\forall\, x \in U(0)$，

　　则 $f'(0) = ($　　$)$；

　　(A) 不存在　　　　　　　　　(B) 1

　　(C) 2　　　　　　　　　　　　(D) 0

(3) 设函数 f 满足 $f(0) = 0$，则 f 在 $x=0$ 可导的充要条件是 $($　　$)$；

　　(A) $\lim\limits_{h \to 0} \dfrac{f(1 - \cos h)}{h^2}$ 存在　　　　(B) $\lim\limits_{h \to 0} \dfrac{f(h^3)}{h^2}$ 存在

　　(C) $\lim\limits_{h \to 0} \dfrac{f(1 - e^h)}{h}$ 存在　　　　(D) $\lim\limits_{h \to 0} \dfrac{f(2h) - f(h)}{h}$ 存在

(4) 函数 $y = f(x)$ 单调可导，已知 $f(1) = 2$，$f(2) = 1$，$f'(1) = -3$，$f'(2) = -4$，则

　　$\dfrac{\mathrm{d}}{\mathrm{d}x} \big[f^{-1}(x) \big] \Big|_{x=1} = ($　　$)$；

　　(A) -1　　　　(B) $-\dfrac{1}{3}$　　　　(C) $-\dfrac{1}{4}$　　　　(D) $-\dfrac{1}{2}$

(5) 已知函数 f 具有任意阶导数，且 $f'(x) = f^2(x)$，则 $f^{(n)}(x) = ($　　$)$.

　　(A) $n\big[f(x)\big]^n$　　　　　　　　(B) $n!\big[f(x)\big]^{n+1}$

　　(C) $\big[f(x)\big]^{n+1}$　　　　　　　　(D) $n!\big[f(x)\big]^n$

2. 填空：

(1) 若 $f'(a)$ 存在，则 $\lim\limits_{x \to a} \dfrac{xf(a) - af(x)}{x - a} = $ ＿＿＿＿＿＿＿＿＿＿；

(2) 设 $y = \left(\dfrac{x}{1 + 2x}\right)^x$，则 $\mathrm{d}y = $ ＿＿＿＿＿＿＿＿＿＿；

(3) 曲线 $xy = 2$ 过点 $\left(\dfrac{3}{2}, 1\right)$ 的切线方程为 ＿＿＿＿＿＿＿＿＿＿；

(4) 函数 $f(x) = \begin{cases} \mathrm{e}^{2x} + x^2, & x \geqslant 0, \\ \sin ax + b, & x < 0 \end{cases}$ 处处可导，则 $(a, b) = $ ＿＿＿＿＿＿；

(5) 设 $f(x) = \cos^2 x$，则 $f^{(2099)}\left(\dfrac{\pi}{4}\right) = $ ＿＿＿＿＿＿.

3. 求下列函数的导数:

(1) $y = \ln(e^x + \sqrt{1 + e^{2x}})$;

(2) $y = \left[xf\left(\arctan \dfrac{1}{x}\right) \right]^2$,其中 f 为可微函数.

4. 已知函数 $f(x)$ 可导,$F(x) = f(x)(1 + |\sin x|)$,求证:$f(0) = 0$ 是 $F(x)$ 在 $x = 0$ 处可导的充分必要条件.

5. 设函数 $f(x)$ 和 $g(x)$ 均在 x_0 的某一邻域内有定义,$f(x)$ 在 x_0 处可导,$f(x_0) = 0$,$g(x)$ 在 x_0 处连续. 试讨论 $f(x)g(x)$ 在 x_0 处的可导性.

6. 设非零函数 $f(x)$ 满足 $f(x \cdot y) = f(x) + f(y)$，$\forall x, y \in \mathbf{R}$，且 $f'(1) = a$. 求证：当 $x \neq 0$ 时，$f'(x) = \dfrac{a}{x}$.

7. 设 $f(x) = \begin{cases} \dfrac{1 - \cos x}{\sqrt{x}}, & x > 0, \\ x^2 g(x), & x \leqslant 0, \end{cases}$ 其中 $g(x)$ 是 $(-\infty, 0]$ 上的有界函数，讨论 f 在 $x = 0$ 处的连续性和可导性.

8. 设函数 $y = y(x)$ 由方程 $e^y + xy = e$ 所确定，求 $y'(0)$ 和 $y''(0)$.

9. 证明可导的偶(奇)函数,其导函数为奇(偶)函数.

10. 设函数 $f(x)$ 在 $x=1$ 处可导且 $f(1)>0$,

(1)求 $\lim\limits_{n\to\infty} n\left[\ln f\left(1+\dfrac{1}{n}\right)-\ln f(1)\right]$;

(2)证明 $\lim\limits_{n\to\infty}\left[\dfrac{f\left(1+\dfrac{1}{n}\right)}{f(1)}\right]^n=\mathrm{e}^{\frac{f'(1)}{f(1)}}$.

第三章 微分中值定理与导数的应用

§3.1 微分中值定理

1. 设 $a<b, ab<0, f(x)=\dfrac{1}{x}$,则在 (a,b) 内,使 $f(b)-f(a)=f'(\xi)(b-a)$ 成立的点 ξ(　　).

 (A)只有一个   (B)两个

 (C)不存在   (D)是否存在,与 a,b 的具体数值有关

2. 验证罗尔定理对函数 $y=\ln\sin x$ 在区间 $\left[\dfrac{\pi}{6},\dfrac{5\pi}{6}\right]$ 上的正确性,并求 ξ 使得 $f'(\xi)=0$.

3. 设 $a_0,a_1,\cdots,a_n$ 是满足 $a_0+\dfrac{1}{2}a_1+\dfrac{1}{3}a_2+\cdots+\dfrac{1}{n+1}a_n=0$ 的实数,试证:方程 $a_0+a_1x+a_2x^2+\cdots+a_nx^n=0$ 在 $(0,1)$ 内至少有一个实根.

4. 设 $f(x)$ 在 $[a,b]$ 上连续,(a,b) 内可导,且 $f(a)=0,f(b)=0$,证明:对任一实数 c,至少存在一点 $\xi\in(a,b)$,使得 $cf(\xi)+f'(\xi)=0$.

5. 设 $f(x)$ 在 (a,b) 内具有二阶导数,且 $f(x_1)=f(x_2)=f(x_3)$,其中 $a<x_1<x_2<x_3<b$,证明在 (x_1,x_3) 内至少有一点 ξ,使得 $f''(\xi)=0$.

6. 证明恒等式：$\arctan x + \arctan \dfrac{1-x}{1+x} = \dfrac{\pi}{4}$ $(x > -1)$.

7. 设 $0 < a < b < \dfrac{\pi}{2}$，证明：$\dfrac{b-a}{\cos^2 a} < \tan b - \tan a < \dfrac{b-a}{\cos^2 b}$.

8. 设 $f(x)$ 在 $[0,2]$ 上连续，在 $(0,2)$ 内二阶可导，且 $f(0)=0$，$f(1)=1$，$f(2)=2$. 证明：存在 $\xi \in (0,2)$，使得 $f''(\xi)=0$.

9. 设 $f(x)$ 在 $[a,b]$ 上连续，在 (a,b) 内可导，且 $a > 0$.

(1) 试用柯西中值定理证明：存在 $\eta \in (a,b)$，使 $\dfrac{f(b)-f(a)}{b^2-a^2} = \dfrac{f'(\eta)}{2\eta}$；

(2) 证明：存在 $\xi \in (a,b)$，使 $f'(\xi) = \dfrac{a+b}{2\eta} f'(\eta)$.

§3.2 洛必达法则

1. 用洛必达法则求下列极限：

(1) $\lim\limits_{x \to 0} \dfrac{e^x - e^{-x} - 2x}{x - \sin x}$;

(2) $\lim\limits_{x \to 1^-} \dfrac{\ln \tan\left(\dfrac{\pi}{2} x\right)}{\ln(1-x)}$;

(3) $\lim\limits_{x \to +\infty} \dfrac{\ln\left(1 + \dfrac{1}{x}\right)}{\dfrac{\pi}{2} - \arctan x}$;

(4) $\lim\limits_{x \to 0} \left[\dfrac{1}{x} - \dfrac{1}{\ln(1+x)}\right]$;

(5) $\lim\limits_{x \to 0} \dfrac{1}{x}\left(\dfrac{1}{x} - \cot x\right)$;

(6) $\lim\limits_{x \to 1^-} \ln x \ln(1-x)$;

(7) $\lim\limits_{x \to \frac{\pi}{2}} (\sin x)^{\sec^2 x}$;

(8) $\lim\limits_{x \to 0^+} \left(\dfrac{1}{x}\right)^{\tan x}$;

$(9) \lim\limits_{n \to \infty} \left(\dfrac{\pi}{2} - \arctan n \right)^{\frac{1}{\ln n}};$ $\qquad\qquad\qquad (10) \lim\limits_{x \to +\infty} \left[x - x^2 \ln \left(1 + \dfrac{1}{x} \right) \right].$

2. 验证极限 $\lim\limits_{x \to 0} \dfrac{x^2 \sin \dfrac{1}{x}}{\sin x}$ 存在,但不能用洛必达法则得出.

3. 设函数 $f(x)$ 具有连续二阶导数,且 $f(0) = f'(0) = 0$,$f''(0) = 6$,试求 $\lim\limits_{x \to 0} \dfrac{f(\sin^2 x)}{x^4}$.

§3.3　泰勒公式

1. $f(x)=e^x$ 的带有拉格朗日余项的 n 阶麦克劳林公式为 _____

_____.

2. $f(x)=\sin x$ 的带有佩亚诺余项的 n 阶麦克劳林公式为 _____

_____.

3. $f(x)=(1+x)^a$ 的带有佩亚诺余项的 n 阶麦克劳林公式为 _____

_____.

4. 按 $(x-2)$ 的幂展开多项式 $f(x)=x^3-2x^2+3x+5$.

5. 求函数 $f(x)=\ln(1+2x)$ 在 $x=0$ 处的带有拉格朗日余项的 3 阶泰勒公式.

6. 求函数 $f(x)=\dfrac{1}{2+x}$ 带有佩亚诺余项的 n 阶麦克劳林公式.

7. 利用泰勒公式证明不等式：$\sqrt{1+x}>1+\dfrac{x}{2}-\dfrac{x^2}{8}$ $(x>0)$.

8. 设 $f(x)$ 在 $[a-h,a+h]$ 上有直至 4 阶导数，且 $f(a-h)=f(a+h)=f(a)=0$，$|f^{(4)}(x)|\leqslant M$，试证明：$|f''(a)|\leqslant\dfrac{M}{12}h^2$.

9. 利用泰勒公式求下列极限：

$(1)\displaystyle\lim_{x\to 0}\dfrac{\sin x-x+\dfrac{x^3}{6}}{x\left(\cos x-1+\dfrac{x^2}{2}\right)}$；

$(2)\displaystyle\lim_{x\to 0}\dfrac{1+\dfrac{1}{2}x^2-\sqrt{1+x^2}}{(\cos x-\mathrm{e}^{x^2})\sin x^2}$.

§3.4 函数的单调性与曲线的凹凸性

1. 确定下列函数的单调区间：

$(1) y = \dfrac{(x-3)^2}{4(x-1)}$；

$(2) y = \dfrac{\ln^2 x}{x}$；

$(3) y = x^n \mathrm{e}^{-x} \ (n > 0, x \geqslant 0)$.

2. 证明下列不等式：

(1) 当 $x > 0$ 时，$1 + x \ln(x + \sqrt{1+x^2}) > \sqrt{1+x^2}$；

(2) 当 $x < 0$ 时，$\mathrm{e}^x > \dfrac{1+x}{1-x}$.

3. 求下列函数图形的拐点及凹或凸的区间：

(1) $y = x^2 \ln x$；　　　　　　　　　　　(2) $y = e^{\arctan x}$.

4. 利用函数的凹凸性证明不等式：

$$x\ln x + y\ln y > (x+y)\ln \frac{x+y}{2} \quad (x>0, y>0, x \neq y).$$

5. 设曲线 $y = k(x^2 - 3)^2$ 在拐点处有过原点的法线，则 k 为何值？

6. 设 $y = f(x)$ 在 $x = x_0$ 的某邻域内具有三阶连续导数，如果 $f''(x_0) = 0$，而 $f'''(x_0) \neq 0$，试问 $(x_0, f(x_0))$ 是不是拐点？为什么？

§3.5　函数的极值与最大值最小值

1. 设 $f(x)$ 有二阶连续导数，且 $f'(0)=0$，$\lim\limits_{x\to 0}\dfrac{f''(x)}{|x|}=1$，则（　　）．

(A) $f(0)$ 不是 $f(x)$ 的极值，$(0,f(0))$ 不是曲线的拐点

(B) $f(0)$ 是 $f(x)$ 的极小值

(C) $(0,f(0))$ 是曲线的拐点

(D) $f(0)$ 是 $f(x)$ 的极大值

2. 函 $y=f(x)$ 在 $x=x_0$ 处连续且取得极大值，则 $f(x)$ 在 x_0 处必有（　　）．

(A) $f'(x_0)=0$　　　　　　　　　(B) $f''(x_0)<0$

(C) $f'(x_0)=0$ 且 $f''(x_0)<0$　　　(D) $f'(x_0)=0$ 或不存在

3. 求下函数的极值：

(1) $y=(x-2)^3(x+3)^2$；　　　　　(2) $y=x^2-\ln x^2$．

4. 设函数 $f(x)$ 在 x_0 处有 n 阶导数，且 $f'(x_0)=f''(x_0)=\cdots=f^{(n-1)}(x_0)=0$，$f^{(n)}(x_0)\neq 0$，证明：

(1) 当 n 为奇数时，$f(x)$ 在 x_0 处不取得极值；

(2) 当 n 为偶数时，$f(x)$ 在 x_0 处取得极值，且当 $f^{(n)}(x_0)<0$ 时，$f(x_0)$ 为极大值，当 $f^{(n)}(x_0)>0$ 时，$f(x_0)$ 为极小值．

5. 求下列函数的最大值、最小值：

(1) $y = x^4 - 8x^2 + 2, -1 \leqslant x \leqslant 3$；　　　　(2) $f(x) = |x-2| e^x, 0 \leqslant x \leqslant 3$.

6. 讨论方程 $\dfrac{x}{\ln x} = k + 3$ 在 $(1, +\infty)$ 内有几个实根？

7. 要造一圆柱形油罐，体积为 V，当底半径 r 和高 h 等于多少时，才能使表面积最小？这时底直径与高的比是多少？

§3.6 函数图形的描绘

1. 关于曲线 $y = \dfrac{1+e^{-x^2}}{1-e^{-x^2}}$ 的渐近线的结论正确的是（　　）.

　（A）没有渐近线　　　　　　　　　（B）仅有水平渐近线

　（C）仅有铅直渐近线　　　　　　　（D）既有水平渐近线，也有铅直渐近线

2. 曲线 $y = \dfrac{\ln x}{x}$ 的渐近线是（　　）.

　（A）$y=0$ 及 $x=0$　　　　　　　（B）$y=0$ 而无垂直渐近线

　（C）$x=0$ 而无水平渐近线　　　　（D）$y=1$ 及 $x=0$

3. 求曲线 $y = \dfrac{x^2+x}{(x-2)(x+3)}$ 的渐近线（包含水平、铅直和斜渐近线）.

4. 求曲线 $y=\sqrt{x^2+2x+2}$ 的渐近线(包含水平、铅直和斜渐近线).

5. 描绘函数 $y=e^{-(x-1)^2}$ 的图形.

§3.7　曲率

1. 求曲线 $y=\dfrac{x^2}{4}-\dfrac{1}{2}\ln x$ $(x>0)$ 上点 $\left(1,\dfrac{1}{4}\right)$ 处的曲率及曲率半径.

2. 求曲线 $y=\ln\cos x$ $\left(0<x<\dfrac{\pi}{2}\right)$ 在点 (x,y) 处的曲率.

3. 求曲线 $\begin{cases} x = 2t^2, \\ y = 3t - t^2 \end{cases}$ 在对应于 $t = \dfrac{3}{2}$ 的点处的曲率.

4. 对数曲线 $y = \ln x$ 上哪一点处的曲率半径最小？求出该点处的曲率半径.

第三章总复习题

1. 设常数 $k>0$，函数 $f(x)=\ln x-\dfrac{x}{e}+k$ 在 $(0,+\infty)$ 内零点的个数为（　　　）.

　(A)1　　　　　　　(B)2　　　　　　　(C)3　　　　　　　(D)4

2. 设在 $[0,1]$ 上 $f''(x)>0$，则 $f'(0)$，$f'(1)$，$f(1)-f(0)$，$f(0)-f(1)$ 几个数的大小顺序为（　　　）.

　(A) $f'(1)>f'(0)>f(1)-f(0)$　　　　　(B) $f'(1)>f(1)-f(0)>f'(0)$

　(C) $f(1)-f(0)>f'(1)>f'(0)$　　　　　(D) $f'(1)>f(0)-f(1)>f'(0)$

3. 设 $f(x)=\sin x,P(x)=x-\dfrac{x^3}{6}$，则能使极限式 $\lim\limits_{x\to 0}\dfrac{f(x)-P(x)}{x^n}=0$ 成立的最大正整数 n 是（　　　）.

　(A)2　　　　　　　(B)3　　　　　　　(C)4　　　　　　　(D)5

4. 设 $f(x)=\begin{cases}3-x^2, & 0\leqslant|x|\leqslant1, \\ \dfrac{2}{x}, & 1<|x|\leqslant2,\end{cases}$ 则在区间 $(0,2)$ 内满足 $f(2)-f(0)=f'(\xi)(2-0)$ 的 ξ 值（　　　）.

　(A)只有一个　　　(B)不存在　　　　(C)有两个　　　　(D)有三个

5. 设 $y=f(x)$ 具有连续的二阶导数且 $(x_0,f(x_0))$ 是曲线 $y=f(x)$ 上的拐点，则

$$\lim_{\Delta x\to 0}\frac{f(x_0+\Delta x)-2f(x_0)+f(x_0-\Delta x)}{(\Delta x)^2}=(\qquad).$$

　(A)0　　　　　　　(B) $f'(x_0-\Delta x)$　　(C) $f'(x_0)$　　　　(D) $f''(x_0+\Delta x)$

6. 求下列极限：

　(1) $\lim\limits_{x\to 0}\dfrac{a^x-a^{\sin x}}{x\sin^2 x}$ $(a>0)$；　　　　　　(2) $\lim\limits_{x\to 0}\left[\dfrac{1}{x}+\dfrac{1}{x^2}\ln(1-x)\right]$；

$(3) \lim\limits_{x \to +\infty} \left(\dfrac{2}{\pi} \arctan x \right)^x$;

$(4) \lim\limits_{x \to 0} \left(\dfrac{a_1^x + a_2^x + \cdots + a_n^x}{n} \right)^{\frac{1}{x}}, a_1, a_2, \cdots, a_n$

为不等于 1 的正数.

7. 设 $\lim\limits_{x \to \infty} f'(x) = k$, 求 $\lim\limits_{x \to \infty} [f(x+a) - f(x)]$.

8. 设 $f(x)$ 在 $\left[0, \dfrac{\pi}{2}\right]$ 上连续, 在 $\left(0, \dfrac{\pi}{2}\right)$ 内可导, 且 $f(0) = 0, f\left(\dfrac{\pi}{2}\right) = 1$, 试证明方程

$f'(x) = \cos x$ 在 $\left(0, \dfrac{\pi}{2}\right)$ 内至少有一个实根.

9. 设 $f(x)$ 在 $[0, c]$ 上可导且 $f'(x)$ 单调减少, $f(0) = 0$, 应用拉格朗日中值定理证明:
对于 $0 \leqslant a < b < a+b < c$ 恒有 $f(a+b) \leqslant f(b) + f(a)$.

10. 设 $0 < a < b$, 函数 $f(x)$ 在 $[a,b]$ 上连续, 在 (a,b) 内可导, 试利用柯西中值定理证明存在一点 $\xi \in (a,b)$, 使 $f(b) - f(a) = \xi f'(\xi) \ln \dfrac{b}{a}$.

11. n 为正整数, 证明: $\dfrac{1}{n+1} < \ln\left(1 + \dfrac{1}{n}\right) < \dfrac{1}{n}$.

12. 证明: 当 $x > 0$ 时, $(x^2 - 2ax + 1)\mathrm{e}^{-x} < 1 \ (a > 0)$.

13. 设函数 $y = \dfrac{x^3 + 4}{x^2}$, 求解下列问题:

(1) 函数的单调增减区间及极值;

(2) 函数图形的凹凸区间及拐点;

(3) 函数图形的渐近线.

14. 设 $f(x)$ 具有二阶导数,且在 $x=0$ 的某去心邻域内 $f(x) \neq 0$,又已知 $f''(0)=4$,

$$\lim_{x \to 0} \frac{f(x)}{x}=0, 求 \lim_{x \to 0} \left[1+\frac{f(x)}{x}\right]^{\frac{1}{x}}.$$

15. 求数列 $\{\sqrt[n]{n}\}$ 的最大项.

16. 设 $f(x)$ 在 (a,b) 内二阶可导,且 $f''(x) \geqslant 0$,证明:对于 (a,b) 内任意两点 x_1, x_2 及

$0 \leqslant t \leqslant 1$,有 $f((1-t)x_1+tx_2) \leqslant (1-t)f(x_1)+tf(x_2)$.

第四章　不定积分

§4.1　不定积分的概念与性质

1. 下面结论中正确的是(　　).

(A) 若函数 $f(x)$ 在区间 I 上不连续，则在 I 上必无原函数

(B) 若函数 $f(x)$ 在区间 I 上连续，则在 I 上必有原函数

(C) 若函数 $f(x)$ 在区间 I 上的某原函数为 0，则在 I 上的不定积分恒为 0

(D) 若函数 $f(x)$ 在区间 I 上存在原函数，则原函数必为初等函数

2. 若函数 $f(x)$ 是连续函数，下面结论中错误的是(　　).

(A)$\displaystyle\int f'(x)\mathrm{d}x = f(x) + C$　　　　　(B)$\displaystyle\int \mathrm{d}f(x) = f(x) + C$

(C)$\mathrm{d}\left(\displaystyle\int f(x)\mathrm{d}x\right) = f(x)$　　　　　(D)$\left(\displaystyle\int f(x)\mathrm{d}x\right)' = f(x)$

3. 若函数 $f(x)$ 的导函数为 x，则 $f(x)$ 的不定积分为 _____.

4. 若 $\displaystyle\int f(x)\mathrm{d}x = \arctan x + C$，则 $\displaystyle\int \frac{x+1}{f(x)}\mathrm{d}x =$ _____.

5. 求下列不定积分：

(1)$\displaystyle\int \frac{1}{x \cdot \sqrt[3]{x^4}}\mathrm{d}x$;　　　　　(2)$\displaystyle\int (1+x)^2(\sqrt{x\sqrt{x}}+1)\mathrm{d}x$;

(3)$\displaystyle\int \left(2\mathrm{e}^x - \frac{1}{1+x^2} + \frac{3}{\sqrt{1-x^2}}\right)\mathrm{d}x$;　　(4)$\displaystyle\int \frac{2\mathrm{e}^x - 5\cdot 2^x}{3^x}\mathrm{d}x$;

(5)$\displaystyle\int \csc x(\csc x + \cot x)\mathrm{d}x$;　　　　(6)$\displaystyle\int (\cot^2 x + \sec x\tan x)\mathrm{d}x$;

$(7) \displaystyle\int \frac{\mathrm{d}x}{1+\cos 2x};$ $(8) \displaystyle\int \frac{\cos 2x}{\cos x-\sin x}\mathrm{d}x;$

$(9) \displaystyle\int \frac{1}{\cos^2 x \sin^2 x}\mathrm{d}x;$ $(10) \displaystyle\int \sin\theta(\cot\theta+\theta\csc\theta)\mathrm{d}\theta;$

$(11) \displaystyle\int \frac{1+x+x^2}{x(x^2+1)}\mathrm{d}x;$ $(12) \displaystyle\int \frac{2x^4}{x^2+1}\mathrm{d}x;$

$(13) \displaystyle\int \max\{1,x^2\}\mathrm{d}x.$

6. 一曲线通过点$(1,2)$,且在其上任一点处的切线的斜率等于该点横坐标的两倍,求该曲线的方程.

§4.2　换元积分法

1. 对于积分 $\int xf[\cos(ax^2+b)]\sin(ax^2+b)\mathrm{d}x$，下面"凑微分"正确的是(　　　).

　(A) $\int f[\cos(ax^2+b)]\mathrm{d}[\cos(ax^2+b)]$

　(B) $\dfrac{1}{2a}\int f[\cos(ax^2+b)]\mathrm{d}[\cos(ax^2+b)]$

　(C) $-\int f[\cos(ax^2+b)]\mathrm{d}[\cos(ax^2+b)]$

　(D) $-\dfrac{1}{2a}\int f[\cos(ax^2+b)]\mathrm{d}[\cos(ax^2+b)]$

2. 若 $\int f(x)\mathrm{d}x = F(x)+C$，而 $u=\varphi(x)$，则 $\int f(u)\mathrm{d}u =$ _____.

3. 若函数 $f(x)$ 连续可导，则 $\int f'(2x+3)\mathrm{d}x =$ _____.

4. 若函数 $f(x)=\dfrac{\sin x}{x}$，则 $\int xf'(x^2)\mathrm{d}x =$ _____.

5. 求下列不定积分：

　(1) $\int (\mathrm{e}^{3t}-\sin 2t)\mathrm{d}t$；

　(2) $\int\left(\dfrac{1}{5-3x}+\dfrac{x}{\sqrt{3-4x^2}}\right)\mathrm{d}x$；

　(3) $\int\dfrac{2x+x^3}{1+x^4}\mathrm{d}x$；

　(4) $\int\dfrac{x+2}{x^2+4x+5}\mathrm{d}x$；

$(5) \displaystyle\int \frac{1+\ln x}{(x\ln x)^3}\mathrm{d}x;$

$(6) \displaystyle\int \frac{10^{3\arcsin x}}{\sqrt{1-x^2}}\mathrm{d}x;$

$(7) \displaystyle\int \sin^2(\omega\theta+\varphi)\cos(\omega\theta+\varphi)\mathrm{d}\theta \quad (\omega\neq 0);$

$(8) \displaystyle\int \cos^3 x\mathrm{d}x;$

$(9) \displaystyle\int (\sin^4 x+\cos^4 x)\mathrm{d}x;$

$(10) \displaystyle\int \tan^{11} x \cdot \sec^2 x\mathrm{d}x;$

$(11) \displaystyle\int \tan^4 x\mathrm{d}x;$

$(12) \displaystyle\int \cot^5 x\csc x\mathrm{d}x;$

$(13) \int \dfrac{1}{\sin x \cos x} \mathrm{d}x;$

$(14) \int \dfrac{\sin x - \cos x}{\sqrt[3]{\sin x + \cos x}} \mathrm{d}x;$

$(15) \int \sin 2x \sin 5x \mathrm{d}x;$

$(16) \int \dfrac{1}{\mathrm{e}^x + \mathrm{e}^{-x}} \mathrm{d}x;$

$(17) \int \dfrac{1 + x}{\sqrt{2 - 3x^2}} \mathrm{d}x;$

$(18) \int \dfrac{\ln \tan x}{\cos x \sin x} \mathrm{d}x;$

$(19) \displaystyle\int \frac{\mathrm{d}x}{x\ln x\ln\ln x};$

$(20) \displaystyle\int \frac{\arctan\dfrac{1}{x}}{1+x^2}\mathrm{d}x;$

$(21) \displaystyle\int \frac{x+1}{x^2+4x+6}\mathrm{d}x;$

$(22) \displaystyle\int \frac{x^3}{x^2+4}\mathrm{d}x;$

$(23) \displaystyle\int \frac{x}{x^2-3x-4}\mathrm{d}x;$

$(24) \displaystyle\int \frac{x^2}{\sqrt{a^2-x^2}}\mathrm{d}x \ (a>0);$

$(25) \displaystyle\int \dfrac{1}{x\sqrt{x^2-9}}\mathrm{d}x;$

$(26) \displaystyle\int \dfrac{x\mathrm{d}x}{1+\sqrt{2x+1}};$

$(27) \displaystyle\int \dfrac{1}{1+\sqrt{1-x^2}}\mathrm{d}x;$

$(28) \displaystyle\int \dfrac{1}{x+\sqrt{1-x^2}}\mathrm{d}x;$

$(29)\displaystyle\int \frac{x-1}{\sqrt{1-2x-x^2}}\mathrm{d}x;$

$(30)\displaystyle\int \frac{1}{(x+2)\sqrt{x^2+4x+5}}\mathrm{d}x;$

$(31)\displaystyle\int \frac{1}{\sqrt{1+\mathrm{e}^x}}\mathrm{d}x;$

$(32)\displaystyle\int \frac{x^3+1}{(x^2+1)^2}\mathrm{d}x.$

§4.3 分部积分法

1. 设 $f(x)$ 的一个原函数为 $x^2 \mathrm{e}^{\frac{1}{x}}$，则 $\displaystyle\int \frac{1}{x^3} f(x) \mathrm{d}x = $ ＿＿＿＿＿＿＿＿＿＿＿＿.

2. 设函数 $f(x)$ 的二阶导数 $f''(x)$ 连续，则 $\displaystyle\int x f''(x) \mathrm{d}x = $ ＿＿＿＿＿＿＿＿＿＿＿＿.

3. 求下列不定积分：

(1) $\displaystyle\int x\cos x\,\mathrm{d}x$；

(2) $\displaystyle\int \ln x\,\mathrm{d}x$；

(3) $\displaystyle\int \arcsin x\,\mathrm{d}x$；

(4) $\displaystyle\int x^2 \mathrm{e}^{-x}\,\mathrm{d}x$；

(5) $\displaystyle\int \mathrm{e}^{2x}\cos 3x\,\mathrm{d}x$；

(6) $\displaystyle\int x\tan^2 x\,\mathrm{d}x$；

(7) $\int x^3 e^{x^2} \mathrm{d}x$;

(8) $\int (x-1)\sin^2 x \mathrm{d}x$;

(9) $\int x\ln(x-1)\mathrm{d}x$;

(10) $\int \arctan\sqrt{x}\,\mathrm{d}x$;

$(11) \int (\arcsin x)^2 \,\mathrm{d}x;$ $(12) \int \dfrac{x\arcsin x}{\sqrt{1-x^2}}\,\mathrm{d}x.$

4. 设 $f'(\mathrm{e}^x) = \sin x$，求 $f(x)$.

5. 证明递推公式 $\displaystyle\int \frac{\mathrm{d}x}{(x^2+a^2)^n} = \frac{1}{2(n-1)a^2}\left[\frac{x}{(x^2+a^2)^{n-1}} + (2n-3)\int \frac{\mathrm{d}x}{(x^2+a^2)^{n-1}}\right]$,

并求 $\displaystyle\int \frac{1}{(x^2+2x+2)^2}\mathrm{d}x$.

§4.4 有理函数的积分

1. 求下列不定积分：

(1) $\displaystyle\int \frac{x^3}{2x+1}\mathrm{d}x$；

(2) $\displaystyle\int \frac{2x+1}{x^2-3x-10}\mathrm{d}x$；

(3) $\displaystyle\int \frac{x+1}{x^2+4x+10}\mathrm{d}x$；

(4) $\displaystyle\int \frac{x^5+x^4-8}{x^3-x}\mathrm{d}x$；

(5) $\int \dfrac{1}{x^4 - 1}\mathrm{d}x$;

(6) $\int \dfrac{\mathrm{d}x}{(x^2 + 1)(x^2 + x + 1)}$;

(7) $\int \dfrac{(x + 1)^2}{(x^2 + 1)^2}\mathrm{d}x$;

(8) $\int \dfrac{1}{x(1 + x^9)}\mathrm{d}x$;

$(9)\displaystyle\int \frac{x^2+1}{(x^2+x+1)^2}\mathrm{d}x;$ $(10)\displaystyle\int \frac{\mathrm{d}x}{2\sin x-\cos x+1};$

$(11)\displaystyle\int \frac{\mathrm{d}x}{1+\sqrt[3]{2x+1}};$ $(12)\displaystyle\int \frac{\mathrm{d}x}{\sqrt{x}+\sqrt[3]{x}};$

$(13) \displaystyle\int \sqrt{\dfrac{1+x}{1-x}}\,\dfrac{\mathrm{d}x}{x};$

$(14) \displaystyle\int \dfrac{\mathrm{d}x}{\sqrt[3]{(x+1)^4(x-1)^2}}.$

第四章总复习题

1. 设 $f(x)$ 的一个原函数为 $\dfrac{\sin x}{1+x\sin x}$，则 $\displaystyle\int f(x)f'(x)\mathrm{d}x =$ _____．

2. 已知 $f'(\sin x) = \cos x$，则 $f(\sin x) =$ _____．

3. 若函数 $f(x)$ 连续可导，则 $\displaystyle\int \left[f(x) + xf'(x)\right]\mathrm{d}x =$ _____．

4. 若 $f(x^2) = \arctan\dfrac{x^2+1}{x^2-1}$，且 $f(\varphi(x)) = \arctan x$，则 $\displaystyle\int \varphi(x)\mathrm{d}x =$ _____．

5. 求下列不定积分：

(1) $\displaystyle\int \frac{x^3}{\sqrt{1+x^2}}\mathrm{d}x$；

(2) $\displaystyle\int \frac{\sin x\cos x}{1+\sin^4 x}\mathrm{d}x$；

(3) $\displaystyle\int \frac{\arctan \mathrm{e}^x}{\mathrm{e}^{2x}}\mathrm{d}x$；

(4) $\displaystyle\int x^2(2x-3)^{10}\mathrm{d}x$；

$(5)\displaystyle\int \frac{x^2+1}{x^4+1}\mathrm{d}x;$

$(6)\displaystyle\int \mathrm{e}^{\sin x}\frac{x\cos^3 x-\sin x}{\cos^2 x}\mathrm{d}x;$

$(7)\displaystyle\int \frac{\mathrm{d}x}{\sqrt{(x-a)(b-x)}},a<b;$

$(8)\displaystyle\int \frac{x\mathrm{e}^x}{(\mathrm{e}^x+1)^2}\mathrm{d}x;$

$(9)\displaystyle\int \frac{3\sin x+\cos x}{\sin x+\cos x}\mathrm{d}x;$

$(10)\displaystyle\int \mathrm{e}^{ax}\sin bx\,\mathrm{d}x,a^2+b^2\neq 0;$

$(11) \displaystyle\int \frac{x+5}{(x+2)(x^2+x+1)} \mathrm{d}x$;

$(12) \displaystyle\int \frac{\arctan x}{x^2(x^2+1)} \mathrm{d}x$;

$(13) \displaystyle\int \frac{\sin x \cos x}{\sin x + \cos x} \mathrm{d}x$;

$(14) \displaystyle\int \frac{\ln x}{(1+x^2)^{\frac{3}{2}}} \mathrm{d}x$.

6. 设 $f(x)$ 的原函数 $F(x) > 0$,且 $F(0) = 1$. 当 $x \geqslant 0$ 时,有 $f(x)F(x) = \sin^2 2x$,求 $f(x)$.

7. 求 $\displaystyle\int \frac{xf'(x) - (1+x)f(x)}{x^2 \mathrm{e}^x}\mathrm{d}x$，其中 $f'(x)$ 连续.

8. 设 $\displaystyle\int f(x)\mathrm{d}x = F(x) + C, f(x)$ 可微，且 $f(x)$ 的反函数 $f^{-1}(x)$ 存在，证明：

$$\int f^{-1}(x)\mathrm{d}x = xf^{-1}(x) - F[f^{-1}(x)] + C.$$

第五章　定积分

§5.1　定积分的概念与性质

1. 利用定积分的定义计算定积分 $\int_0^1 2^{x+1}\,\mathrm{d}x$.

2. 把下列极限化成定积分：

(1) $\lim\limits_{n\to\infty}\left(\dfrac{1}{\sqrt{n^2+1}}+\dfrac{1}{\sqrt{n^2+2^2}}+\cdots+\dfrac{1}{\sqrt{n^2+n^2}}\right)$;

(2) $\lim\limits_{n\to\infty}\left(\dfrac{1}{n+1}+\dfrac{1}{n+2}+\cdots+\dfrac{1}{n+n}\right)$.

3. 以下两题中给出了四个结论，从中选出一个正确的结论：

(1) 曲线 $y=x(x-1)(x-3)$ 与 x 轴所围成的图形面积可表示为（　　　）;

(A) $-\int_0^3 x(x-1)(x-3)\mathrm{d}x$

(B) $-\int_0^1 x(x-1)(x-3)\mathrm{d}x+\int_1^3 x(x-1)(x-3)\mathrm{d}x$

(C) $\int_0^3 x(x-1)(x-3)\mathrm{d}x$

(D) $\int_0^1 x(x-1)(x-3)\mathrm{d}x-\int_1^3 x(x-1)(x-3)\mathrm{d}x$

(2) 根据定积分的性质及几何意义，定积分 $\int_{-1}^1(\sqrt{1-x^2}+1)\mathrm{d}x=$（　　　）.

(A) $\dfrac{\pi}{4}-1$　　(B) $\dfrac{\pi}{2}+2$　　　　(C) $\dfrac{\pi}{2}+1$　　　　(D) $\dfrac{\pi}{2}-1$

4. 证明 $\lim\limits_{n\to\infty}\displaystyle\int_n^{n+p}\dfrac{\sin x}{x}\mathrm{d}x=0$（其中 $p>0$ 为常数）.

5. 设 $f(x)$ 及 $g(x)$ 在 $[a,b]$ 上连续，证明：

(1) 若在 $[a,b]$ 上 $f(x)\geqslant 0$ 且 $f(x)\not\equiv 0$，则 $\displaystyle\int_a^b f(x)\mathrm{d}x>0$；

(2) 若在 $[a,b]$ 上 $f(x)\geqslant g(x)$ 且 $f(x)\not\equiv g(x)$，则 $\displaystyle\int_a^b f(x)\mathrm{d}x>\int_a^b g(x)\mathrm{d}x$.

6. 证明不等式 $\dfrac{1}{2}<\displaystyle\int_{\frac{\pi}{4}}^{\frac{\pi}{2}}\dfrac{\sin x}{x}\mathrm{d}x<\dfrac{\sqrt{2}}{2}$.

7. 设函数 $f(x)$ 在 $[a,b]$ 上连续且单调增加，证明 $\displaystyle\int_a^b xf(x)\mathrm{d}x\geqslant\dfrac{a+b}{2}\int_a^b f(x)\mathrm{d}x$.

§5.2　微积分基本公式

1. 设 $f(x)$ 是连续函数，且 $\varphi(x) = \int_a^{x^2} xf(t)\,\mathrm{d}t$，求 $\varphi'(x)$.

2. 若 $x = x(t)$ 是由方程 $t - \int_1^{x+t} \mathrm{e}^{-u^2}\,\mathrm{d}u = 0$ 所确定的，求二阶导数 $x''(0)$.

3. 以下三题中给出了四个结论，从中选出一个正确的结论：

(1) 设 $f(x)$ 连续，$x > 0$，且 $\int_0^{x^2} f(t)\,\mathrm{d}t = x^2(1+x)$，则 $f(2) = ($　　$)$；

　　　(A)4　　　　　　(B)$2\sqrt{2} + 12$　　　(C)$1 + \dfrac{3\sqrt{2}}{2}$　　　(D)$12 - 2\sqrt{2}$

(2) 设 $f(x) = \int_0^{1-\cos x} (\mathrm{e}^{t^2} - 1)\,\mathrm{d}t$，$g(x) = x^5 + x^6$，则当 $x \to 0$ 时，$f(x)$ 是 $g(x)$ 的$($　　$)$；

　　　(A) 低阶无穷小　　　　　　　(B) 高阶无穷小

　　　(C) 等价无穷小　　　　　　　(D) 同阶无穷小但不是等价无穷小

(3) 设函数 $f(x)$ 具有连续导数，且 $f(0) = 0$，若 $F(x) = \begin{cases} \dfrac{\int_0^x tf(t)\,\mathrm{d}t}{x^2}, & x \neq 0, \\ 0, & x = 0, \end{cases}$ 则

　　　$F'(0) = ($　　$)$.

　　　(A)$f'(0)$　　　(B) $\dfrac{1}{3}f'(0)$　　　(C)0　　　　　　(D) $\dfrac{1}{3}$

4. 填空：

(1) $\lim\limits_{x\to 0}\dfrac{\displaystyle\int_0^x \cos t^2\,\mathrm{d}t - x}{\sin^5 x} = $ _____；

(2) $\lim\limits_{n\to\infty}\left(\dfrac{1}{n^2+1}+\dfrac{2}{n^2+2^2}+\cdots+\dfrac{n}{n^2+n^2}\right) = $ _____；

(3) 设 $f(x)$ 在 $[0,+\infty)$ 上连续，且 $\displaystyle\int_0^x \dfrac{f(t)}{t+1}\,\mathrm{d}t = \ln(x+\sqrt{1+x^2})$，则 $\displaystyle\int_0^{\sqrt{3}} f(t)\,\mathrm{d}t = $

_____．

5. 计算下列各题：

(1) $\displaystyle\int_1^3 \dfrac{\mathrm{d}x}{\sqrt{x}\,(1+x)}$；

(2) $\displaystyle\int_0^\pi (\sin^2 x + \cos^3 x)\,\mathrm{d}x$；

(3) $\displaystyle\int_1^2 \dfrac{\mathrm{d}x}{\mathrm{e}^x + \mathrm{e}^{2-x}}$；

(4) $\displaystyle\int_0^{\frac{\pi}{4}} \tan^3\theta \mathrm{d}\theta$;

(5) 设 $f(x) = \begin{cases} \dfrac{1}{1+2x}, & x > 0, \\ \dfrac{1}{4+x^2}, & x \leqslant 0, \end{cases}$ 求 $\displaystyle\int_{-2}^4 f(x)\mathrm{d}x, \int_{-2}^x f(t)\mathrm{d}t$;

(6) 设 $F(x) = \dfrac{x^2}{x-a}\displaystyle\int_a^x f(t)\mathrm{d}t$, 其中 f 是连续函数, 求 $\lim\limits_{x \to a} F(x)$.

6. (1) 设函数 f 在 $[a,b]$ 上连续且单调递增，$F(x) = \begin{cases} \dfrac{\displaystyle\int_a^x f(t)\,\mathrm{d}t}{x-a}, & x \in (a,b], \\ f(a), & x = a, \end{cases}$ 证明：

函数 F 在 $[a,b]$ 上也单调递增；

(2) 证明：$\forall\, x > 0,\ \displaystyle\int_x^{\frac{1}{x}} \frac{\ln t}{1+t^2}\,\mathrm{d}t = 0.$

§5.3 定积分的换元法和分部积分法

1. 设 $f(x)$ 连续，求 $\dfrac{\mathrm{d}^2}{\mathrm{d}x^2}\displaystyle\int_0^x tf(x-t)\,\mathrm{d}t.$

2. 设 $f(x)$ 连续，且 $\lim\limits_{x\to 0}\dfrac{f(x)}{x}=1$，求 $\lim\limits_{x\to 0}\dfrac{\displaystyle\int_0^x f(x-t)\,\mathrm{d}t}{\mathrm{e}^x-x-1}.$

3. 设 $f(x)$ 是以 T（$T>0$）为周期的连续函数，且 $F(x)=\displaystyle\int_0^x f(t)\,\mathrm{d}t-kx$ 也是以 T 为周期的连续函数，求 k 的值.

4. 以下三题中给出了四个结论,从中选出一个正确的结论:

(1) 设函数 $f(x)$ 在 $[a,b]$ 上具有连续导数,且 $f(a) = f(b) = 0, \int_a^b f^2(x)\mathrm{d}x = 1$,

则 $\int_a^b x f(x) f'(x)\mathrm{d}x = ($ $)$;

(A) $-\dfrac{1}{2}$ (B) $\dfrac{1}{2}$ (C)0   (D)1

(2) $\int_0^\pi \dfrac{x\sin x}{1+\cos^2 x}\mathrm{d}x = ($ $)$;

(A) $\dfrac{\pi}{4}$ (B) $\dfrac{\pi^2}{2}$ (C) $\dfrac{\pi^2}{4}$ (D) $\dfrac{\pi}{2}$

(3) 设 $f(x)$ 在 $[-a,a]$ 上连续,则 $f(x)$ 为奇函数是积分 $\int_{-a}^a f(x)\mathrm{d}x = 0$ 的(   ).

(A) 必要条件   (B) 充分条件

(C) 充分必要条件   (D) 既不是充分也不是必要条件

5. 填空:

(1) $\int_{-1}^1 \left[x^2\ln(x+\sqrt{1+x^2}) + \sqrt{1-x^2}\right]\mathrm{d}x = $ _____;

(2) $\int_0^{n\pi} |\sin x|\mathrm{d}x (n\ 为正整数) = $ _____;

(3) 设 $f(x)$ 二阶连续可导,且 $f(0) = 2, f(2) = 0, f'(2) = 1$,则 $\int_0^1 x f''(2x)\mathrm{d}x = $

_____.

6. 计算下列各题:

(1) $\int_0^\pi |\sin 2x|\cos x\,\mathrm{d}x$;   (2) $\int_0^{2a} x\sqrt{2ax-x^2}\,\mathrm{d}x$ $(a > 0)$;

$(3)\displaystyle\int_0^a \frac{\mathrm{d}x}{x+\sqrt{a^2-x^2}}\ (a>0)$；

$(4)\displaystyle\int_2^3 \frac{x\mathrm{d}x}{(x^2-4x+5)^2}$；

$(5)\displaystyle\int_0^1 x^2 \arcsin x\mathrm{d}x$；

$(6)\displaystyle\int_1^{\mathrm{e}} \cos(\ln x)\mathrm{d}x$；

$(7)\displaystyle\int_0^1 \frac{x\arctan x}{\sqrt{1+x^2}}\mathrm{d}x$；

(8) 设 $f(t)=\displaystyle\int_1^{t^2} \mathrm{e}^{-x^2}\mathrm{d}x$，计算 $I=\displaystyle\int_0^1 tf(t)\mathrm{d}t$.

7. 证明下列各题：

(1) 设 $f(x)$ 连续，证明：$\displaystyle\int_0^{2\pi} f(|\cos x|)\,dx = 4\int_0^{\frac{\pi}{2}} f(\cos x)\,dx$；

(2) 设 n 为正整数，证明：$\displaystyle\int_0^{\frac{\pi}{2}} \sin^n x \cos^n x\,dx = 2^{-n}\int_0^{\frac{\pi}{2}} \sin^n x\,dx$；

(3) 设 $f(x)$ 在 $[0,1]$ 上连续，当 $0 \leqslant x < y \leqslant 1$ 时，$|f(x) - f(y)| \leqslant |x e^x - y e^y|$，

且 $f(1) = 0$，证明：$\left|\displaystyle\int_0^1 f(x)\,dx\right| \leqslant e - 1$.

§5.4 反常积分

1. 判定下列反常积分的收敛性，如果收敛，计算反常积分的值：

(1) $\displaystyle\int_0^{+\infty} \frac{x}{(1+x)^3}\mathrm{d}x$；

(2) $\displaystyle\int_{-\infty}^{+\infty} \mathrm{e}^x \sin x\,\mathrm{d}x$；

(3) $\displaystyle\int_1^{+\infty} \frac{\arctan x}{x^2}\mathrm{d}x$；

(4) $\displaystyle\int_0^1 \ln x\,\mathrm{d}x$；

(5) $\displaystyle\int_0^1 \sqrt{\frac{x}{1-x}}\,\mathrm{d}x$；

(6) $\displaystyle\int_1^{+\infty} \frac{x^2+2}{x^3\sqrt{x^2-1}}\mathrm{d}x$.

2. 当 p 为何值时，反常积分 $\displaystyle\int_0^{+\infty} x^2 \mathrm{e}^{px}\,\mathrm{d}x$ 收敛？收敛时，求积分值. 当 p 为何值时，该反常积分发散？

3. 设 n 为正整数，求 $I_n = \displaystyle\int_0^{+\infty} \dfrac{\mathrm{d}x}{(1+x^2)^{n+1}}$.

第五章总复习题

1. 填空：

(1) $\lim\limits_{n\to\infty}\dfrac{1}{n^2}\left(\cos^2\dfrac{\pi}{n}+2\cos^2\dfrac{2\pi}{n}+\cdots+n\cos^2\dfrac{n\pi}{n}\right)=$ _____；

(2) $\displaystyle\int_{-\frac{\pi}{4}}^{\frac{\pi}{4}}\dfrac{\mathrm{d}x}{1+\sin x}=$ _____；

(3) $\displaystyle\int_{0}^{\sqrt{3}}\dfrac{\mathrm{d}x}{2+\sqrt{4-x^2}}=$ _____；

(4) $\displaystyle\int_{0}^{2\pi}x\mid\cos x\mid\mathrm{d}x=$ _____；

(5) $\displaystyle\int_{0}^{2}\dfrac{\mathrm{d}x}{\sqrt{\mid x-1\mid}}=$ _____．

2. 以下三题中给出了四个结论，请从中选择一个正确的结论：

(1) 设 $I_1=\displaystyle\int_{-\frac{\pi}{2}}^{\frac{\pi}{2}}\dfrac{\sin x\cos^4 x}{1+x^2}\mathrm{d}x$，$I_2=\displaystyle\int_{-\frac{\pi}{2}}^{\frac{\pi}{2}}(\sin^3 x+\cos^4 x)\mathrm{d}x$，$I_3=\displaystyle\int_{-\frac{\pi}{2}}^{\frac{\pi}{2}}(x^2\sin^3 x-$

$\cos^4 x)\mathrm{d}x$，则有（　　）；

(A) $I_2<I_3<I_1$　　　　　　　　(B) $I_1<I_3<I_2$

(C) $I_2<I_1<I_3$　　　　　　　　(D) $I_3<I_1<I_2$

(2) 设 $f(x)$ 是连续函数，下列变上限积分函数必为偶函数的是（　　）；

(A) $\displaystyle\int_{0}^{x}t[f(t)-f(-t)]\mathrm{d}t$　　　　(B) $\displaystyle\int_{0}^{x}t[f(t)+f(-t)]\mathrm{d}t$

(C) $\displaystyle\int_{0}^{x}f(t^2)\mathrm{d}t$　　　　　　　　(D) $\displaystyle\int_{0}^{x}f^2(t)\mathrm{d}t$

(3) 下列反常积分发散的是（　　）；

(A) $\displaystyle\int_{-1}^{1}\dfrac{\mathrm{d}x}{\sqrt{1-x^2}}$　　　　　　　(B) $\displaystyle\int_{-1}^{1}\dfrac{\mathrm{d}x}{\sqrt[3]{x^2}}$

(C) $\displaystyle\int_{1}^{+\infty}\dfrac{\ln x}{x}\mathrm{d}x$　　　　　　　(D) $\displaystyle\int_{0}^{+\infty}x^3\mathrm{e}^{-x^2}\mathrm{d}x$

3. 设 $f(x) = \int_0^x |\sin t|\, \mathrm{d}t$.

(1) 证明：当 $n\pi \leqslant x \leqslant (n+1)\pi$ 时(n 为正整数)，$2n \leqslant f(x) \leqslant 2(n+1)$；

(2) 求 $\lim\limits_{x \to +\infty} \dfrac{f(x)}{x}$.

4. 设 $f(x)$ 为连续函数.

(1) 证明：$\displaystyle\int_0^\pi x f(\sin x)\,\mathrm{d}x = \frac{\pi}{2}\int_0^\pi f(\sin x)\,\mathrm{d}x = \pi\int_0^{\frac{\pi}{2}} f(\sin x)\,\mathrm{d}x$；

(2) 求 $\displaystyle\int_0^\pi \frac{x\sin x}{\sin^2 x + 2\cos^2 x}\,\mathrm{d}x$.

5. 设函数 $f(x)$ 在 $[0,\pi]$ 上连续，且 $f(x) = \dfrac{x}{3+\sin^2 x} + \displaystyle\int_0^{\pi} f(x)\sin x\,\mathrm{d}x$，求 $f(x)$.

6. 设 $f(x) = \displaystyle\int_1^x \dfrac{\mathrm{d}t}{\sqrt{1+t^3}}$，求 $\displaystyle\int_0^1 xf(x)\,\mathrm{d}x$.

7. 求下列积分：

(1) $\displaystyle\int_0^{\ln 2} \sqrt{\mathrm{e}^x - 1}\,\mathrm{d}x$；

(2) $\displaystyle\int_{-\frac{\pi}{2}}^{\frac{\pi}{2}} \left(\dfrac{\cos x}{2+\sin x} + x^2 \sin x \right)\mathrm{d}x$；

(3) $\displaystyle\int_0^1 \dfrac{\mathrm{d}x}{(1+x)\sqrt{1+x^2}}$；

(4) $\displaystyle\int_3^{+\infty} \dfrac{\mathrm{d}x}{(x-1)^2 \sqrt{x^2-2x}}$.

8. 设 $f(x)$ 在 $[0,1]$ 上连续且单调增加，证明：当 $0 < a < 1$ 时，$\int_0^a f(x)\mathrm{d}x \leqslant a\int_0^1 f(x)\mathrm{d}x$.

9. 设 $f(x)$ 在 $[0,1]$ 上连续，$f(0) = 0$ 且 $\int_0^1 f(x)\mathrm{d}x = 0$，证明：存在 $\xi \in (0,1)$ 使得 $\int_0^\xi f(x)\mathrm{d}x = \xi f(\xi)$.

10. 设 $f(x)$ 在 $[0,1]$ 上连续，$f(x)$ 在 $(0,1)$ 内可导，$f(0) = f(1) = 0$ 且 $|f'(x)| \leqslant 1$，证明：$\left| \int_0^1 f(x)\mathrm{d}x \right| \leqslant \dfrac{1}{4}$.

第六章　定积分的应用

§6.2　定积分在几何学上的应用

1. 求由曲线 $y=\ln x$，y 轴与直线 $y=\ln a$，$y=\ln b$ $(b>a>0)$ 所围图形的面积.

2. 设抛物线 $y=ax^2+bx+c$ 过点 $(0,0)$ 与点 $(1,-2)$，且 $a>0$. 求 a,b,c 使得抛物线与 x 轴所围图形的面积最小.

3. 求由曲线 $x=a\cos^3 t$，$y=a\sin^3 t$ $(a>0)$ 所围平面图形的面积.

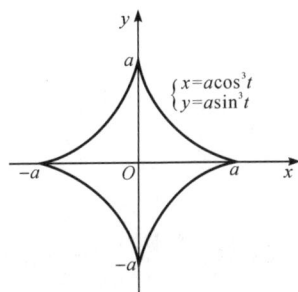

4. 求由三叶玫瑰线 $\rho = a\sin 3\theta$ $(a > 0)$ 所围平面图形的面积.

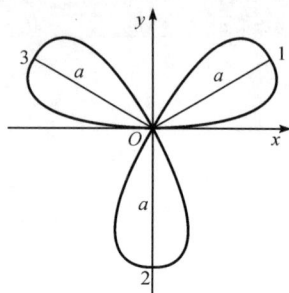

5. 求两曲线 $\rho = \sin\theta$ 与 $\rho = \sqrt{3}\cos\theta$ 所围公共部分的面积.

6. 过曲线 $y = x^2$ $(x \geqslant 0)$ 上某点处作切线,使该曲线与切线以及 x 轴所围平面图形的面积为 $\dfrac{2}{3}$,求切点坐标、切线方程,并求此图形绕 x 轴旋转一周所得旋转体的体积.

7. 设平面图形 D 是 $x^2+y^2\leqslant 2x$ 与 $y\geqslant x$ 的公共部分,求图形 D 绕直线 $x=2$ 旋转一周所得几何体的体积.

8. 求曲线 $y=\sin x$ $(0\leqslant x\leqslant\pi)$ 与 x 轴所围平面图形分别绕 x 轴和直线 $x=\dfrac{\pi}{2}$ 旋转一周所得几何体的体积 V_1 和 V_2.

9. 设曲线 $\sqrt{\dfrac{x}{a}}+\sqrt{\dfrac{y}{4-a}}=1$ $(0<a<4)$ 与 x 轴、y 轴所围成的图形绕 x 轴旋转一周所得几何体体积为 $V_1(a)$,绕 y 轴旋转一周所得几何体体积为 $V_2(a)$,当 a 为何值时,$V_1(a)+V_2(a)$ 最大? 并求最大值.

10. 求曲线段 $y = \int_0^x \sqrt{\cos\theta}\,\mathrm{d}\theta$ $\left(-\dfrac{\pi}{2} \leqslant x \leqslant \dfrac{\pi}{2}\right)$ 的弧长.

11. 求曲线段 $x = \dfrac{1}{1+t^2}$，$y = \dfrac{t}{1+t^2}$ $(0 \leqslant t \leqslant 1)$ 的弧长.

12. 求曲线段 $\rho = \theta^2$ $(0 \leqslant \theta \leqslant 2)$ 的弧长.

§6.3 定积分在物理学上的应用

1. 将一个半径为 R 的球沉入水中，球面顶部正好与水面相切，设球与水的密度均为 ρ，重力加速度为 g，求将该球从水中取出所做的功．

2. 半径为 1 的球体盛满水，设水的密度为 ρ，重力加速度为 g，求将水从球顶全部抽出所做的功．

3. 一半径为 R 的半圆弧均匀带电，其电荷密度为 δ，在圆心处有一带电量为 q 的点电荷，设 k 为库仑常数，求这点与半圆弧之间的作用力大小．

4. 将底边为 a，高为 h 的等腰三角形平板铅直放入水中，底边与水面平齐，设水的密度为 ρ，重力加速度为 g，求该平板每侧所受的压力.

5. 设在坐标轴的原点有一质量为 m 的质点，在区间 $[a, a+l]$ $(a>0)$ 上有一质量为 M 的均匀细杆，设引力常数为 G，求质点与细杆之间的万有引力大小.

班级：_____　姓名：_____　学号：_____

第六章总复习题

1. 填空：

(1)若由曲线 $y=\sqrt{x}$，曲线上某点处的切线以及 $x=1,x=2$ 所围平面图形的面积最小，则该切线的方程为_____；

(2)设区域 D 由 $y=\sqrt{1-x^2}$ 与 x 轴所围成，区域 D 绕直线 $x=1$ 旋转一周而成的旋转体的体积为_____．

2. 以下两题中给出了四个结论，请从中选择一个正确的结论：

(1)设 $f(x),g(x)$ 在区间 $[a,b]$ 上连续，且 $g(x)>f(x)>m$，则由曲线 $y=f(x)$，$y=g(x)$ 及直线 $x=a,x=b$ 所围成的平面图形绕直线 $y=m$ 旋转一周所得旋转体的体积为（　　）；

(A)$\pi\displaystyle\int_a^b[f(x)-g(x)-2m][g(x)-f(x)]\mathrm{d}x$

(B)$\pi\displaystyle\int_a^b[f(x)+g(x)-2m][g(x)-f(x)]\mathrm{d}x$

(C)$\pi\displaystyle\int_a^b[f(x)-g(x)-m][g(x)-f(x)]\mathrm{d}x$

(D)$\pi\displaystyle\int_a^b[f(x)+g(x)-m][g(x)-f(x)]\mathrm{d}x$

(2)设水的密度为 ρ，重力加速度为 g，半径为 R 的半球形水池装满水，将水全部抽完，需要做功 $W=$（　　）．

(A)$\displaystyle\int_0^R\rho g\pi(R^2-y^2)\mathrm{d}y$　　　　(B)$\displaystyle\int_0^R\rho g\pi y^2\mathrm{d}y$

(C)$\displaystyle\int_0^R\rho g\pi y(R^2-y^2)\mathrm{d}y$　　　　(D)$\displaystyle\int_0^R\rho g\pi y^3\mathrm{d}y$

3. 设 $f(x)=\displaystyle\int_{-1}^x(1-|t|)\mathrm{d}t\ (x\geqslant 0)$，求曲线 $y=f(x)$ 与 x 轴所围成的平面图形的面积．

4. 设 C_1，C_2 是两条过原点的曲线，曲线 C 介于 C_1，C_2 之间，过曲线 C 上任意一点分别作平行于 x 轴和 y 轴的直线，得到两块阴影所示区域 A，B 的面积相等．若曲线 C_1 的方程是 $y = x^2$，曲线 C 的方程是 $y = 2x^2$，求曲线 C_2 的方程．

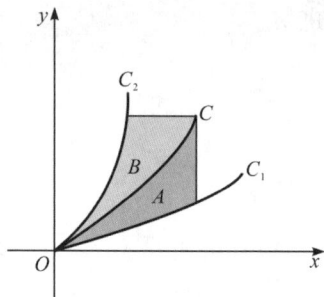

5. 求由曲线 $y = 1 - x^2$ 与 x 轴围成的图形绕直线 $x = 2$ 旋转一周所得几何体的体积．

6. 设曲线 $L:y = x\mathrm{e}^{-x}$ $(x \geqslant 0)$，求由曲线 L 与 x 轴及直线 $x = a$ $(a > 0)$ 所围平面图形绕 x 轴旋转一周所得几何体的体积 $V(a)$，并求 $\lim\limits_{a \to +\infty} V(a)$．

7. 设直线 $y=kx$ 与曲线 $y=x^2$ $(x \geqslant 0)$ 所围平面图形 D_1，它们与直线 $x=1$ 围成平面图形 D_2.

    (1) 当 k 为何值时，平面图形 D_1 与 D_2 分别绕 x 轴旋转一周所得几何体体积 V_1 与 V_2 之和最小，并求最小值；

    (2) 当 V_1 与 V_2 之和最小时，求平面图形 D_1 与 D_2 的面积之和 S_1+S_2.

8. 求曲线 $x=a\ln\dfrac{a+\sqrt{a^2-y^2}}{y}-\sqrt{a^2-y^2}$ 上相应于 $0<b\leqslant y\leqslant a$ 的一段弧的弧长.

9. 求曲线 $\rho=a\cos^3\dfrac{\theta}{3}$ 上相应于 $0\leqslant\theta\leqslant\dfrac{\pi}{2}$ 的一段弧的长度.

10. 半径为 R 的四分之一圆弧金属丝,其质量为 M,在圆心处有一质量为 m 的质点,设引力常数为 G,求它们之间的万有引力大小.

11. 已知两质点的质量分别为 M 和 m,相距 x,其相互作用力为 $\dfrac{kmMx}{(a^2+x^2)^{\frac{3}{2}}}$,其中 k,a 是正常数,将一质点移到另一质点,变力所做的功是多少?若两个质点相距无穷大,这时所做的功是多少?

班级：＿＿＿＿＿＿＿＿　姓名：＿＿＿＿＿＿＿＿　学号：＿＿＿＿＿＿＿＿

注：本章出现的 C,C_1,C_2,C_3 均为任意常数，题目中不再特殊说明.

第七章　微分方程

§7.1　微分方程的基本概念

1. 下列方程是一阶微分方程的为（　　）.

(A) $(y-xy')^2=x^2yy''$

(B) $(x^2-y^2)\mathrm{d}x+(x^2+y^2)\mathrm{d}y=0$

(C) $y''+2y'+4y=\mathrm{e}^x$

(D) $xy''+y'+y=0$

2. 微分方程 $y'-y=0$ 的通解为（　　）.

(A) $y=\mathrm{e}^x+C$ (B) $y=\mathrm{e}^{-x}$

(C) $y=C\mathrm{e}^x$ (D) $y=C\mathrm{e}^{-x}$

3. 请问函数 $y=Cx\mathrm{e}^x$ 是不是微分方程 $y''-2y'+y=0$ 的解？是不是此微分方程的通解？

4. 验证方程 $2xy - y^2 = C$ 所确定的函数是微分方程 $(y-x)y' - y = 0$ 的通解.

5. 已知积分曲线族 $y = Cx + C^2$,求它所满足的一阶微分方程.

§7.2 可分离变量的微分方程

1. 微分方程 $\dfrac{\mathrm{d}y}{\mathrm{d}x} - yx = 0$ 的通解是（　　　）.

(A) $y = \mathrm{e}^{x^2}$ (B) $y = C\mathrm{e}^{\frac{x^2}{2}}$ (C) $y = \mathrm{e}^{\frac{x^2}{2}}$ (D) $y = C\mathrm{e}^{x^2}$

2. 微分方程 $y' \sin x - y\cos x = 0$ 满足 $y\big|_{x=\frac{\pi}{2}} = 1$ 的特解为（　　　）.

(A) $y = \cos x + 1$ (B) $y = \cos x$ (C) $y = \sin x + 1$ (D) $y = \sin x$

3. 若方程 $y' + p(x)y = 0$ 的一个特解为 $y = \cos 2x$，则该方程满足初值条件 $y\big|_{x=0} = 2$ 的特解为（　　　）.

(A) $\cos 2x + 2$ (B) $\cos 2x + 1$ (C) $2\cos x$ (D) $2\cos 2x$

4. 求微分方程 $(1+y)\mathrm{d}x - (1-x)\mathrm{d}y = 0$ 满足 $y\big|_{x=0} = 1$ 的特解.

5. 求微分方程 $\dfrac{\mathrm{d}y}{\mathrm{d}x} = 2x(1+y^2)$ 满足 $y\big|_{x=0} = 1$ 的特解.

6. 求微分方程 $2x\sin y\mathrm{d}x+(x^2+1)\cos y\mathrm{d}y=0$ 满足 $y\big|_{x=0}=\dfrac{\pi}{4}$ 的特解.

7. 求方程 $\sqrt{1-x^2}\,y'-\sqrt{1-y^2}=0$ 的通解.

8. 求方程 $\sin y\mathrm{d}x+(1+\mathrm{e}^{-x})\cos y\mathrm{d}y=0$ 满足 $y\big|_{x=0}=\dfrac{\pi}{4}$ 的特解.

9. 已知函数 $y=y(x)$ 在任意点 x 处的增量 $\Delta y=\dfrac{y}{1+x^2}\Delta x+\alpha$，且当 $\Delta x\to 0$ 时，α 是 Δx 的高阶无穷小，$y\big|_{x=0}=\pi$，求 $y\big|_{x=1}$.

§7.3　齐次方程

1. 一阶微分方程 $(x+y)\mathrm{d}x+x\mathrm{d}y=0$ 的通解是（　　　）.

　　(A) $2xy-x^2=C$ 　　　　　　　(B) $2xy+x^2=C$

　　(C) $xy-x^2=C$ 　　　　　　　(D) $xy+x^2=C$

2. 微分方程 $xy'=y(1+\ln y-\ln x)$ 的通解为 _____.

3. 微分方程 $\dfrac{\mathrm{d}y}{\mathrm{d}x}=\dfrac{y}{x}+\tan\dfrac{y}{x}$，$y\big|_{x=2}=\pi$ 的特解是 _____.

4. 微分方程 $(1+\mathrm{e}^{-\frac{x}{y}})y\mathrm{d}x+(y-x)\mathrm{d}y=0$ 的通解是 _____.

5. 求微分方程 $y'=\dfrac{y}{x}+\dfrac{x}{y}$ 的通解.

6. 求微分方程 $\dfrac{\mathrm{d}y}{\mathrm{d}x} = \dfrac{y^2}{xy - x^2}$ 的通解.

§7.4　一阶线性微分方程

1. 下列方程中属于一阶线性微分方程的为（　　　）.

(A) $y' + xy^2 = e^x$　　　(B) $y' = \dfrac{1}{x+y}$　　　(C) $yy' + xy = e^x$　　　(D) $y' = \cos y + x$

2. 一阶线性微分方程 $\dfrac{dy}{dx} + \dfrac{y}{x} = x^2$ 的通解为（　　　）.

(A) $\dfrac{1}{4}x^3 + \dfrac{C}{x}$　　　(B) $\dfrac{1}{4}x^3 + \dfrac{1}{x} + C$　　　(C) $\dfrac{C}{4}x^3 + \dfrac{1}{x}$　　　(D) $\dfrac{C_1}{4}x^3 + \dfrac{1}{x} + C_2$

3. 过点 $\left(\dfrac{1}{2}, 0\right)$ 且满足关系式 $y'\arcsin x + \dfrac{y}{\sqrt{1-x^2}} = 1$ 的曲线方程为_____.

4. 微分方程 $y\,dx - (x^3 y + x)\,dy = 0$ 的通解为_____.

5. 求微分方程 $(y-1)\,dx + (e^y + x)\,dy = 0$ 的通解.

6. 求微分方程 $xy'\ln x + y = x(\ln x + 1)$ 满足初始条件 $y\big|_{x=e} = 2e$ 的特解.

7. 解微分方程 $\dfrac{dy}{dx} = \dfrac{y}{2(\ln y - x)}$.

8. 求微分方程 $y' + \dfrac{1}{x}y = 2x^2 y^2$ 的通解.

9. 设 $F(x) = f(x)g(x)$，其中函数 $f(x), g(x)$ 在 $(-\infty, +\infty)$ 内满足以下条件：
$f'(x) = g(x), g'(x) = f(x)$ 且 $f(0) = 0, f(x) + g(x) = 2e^x$.

(1) 求 $F(x)$ 所满足的一阶微分方程；

(2) 求出 $F(x)$ 的表达式.

§7.5　可降阶的高阶微分方程

1. 设 $y=y(x)$ 满足 $y''=x$ 且在点 $(0,1)$ 处与直线 $2y=x+2$ 相切，则该函数为（　　　）.

(A) $6y=x^3+3x$　　　　　　　　　　(B) $6y=2x^3+3x+6$

(C) $y=x^3+x$　　　　　　　　　　　(D) $y=\dfrac{1}{6}x^3+\dfrac{1}{2}x+1$

2. 微分方程 $x\ln x\cdot y''=y'$ 的通解为（　　　）.

(A) $y=C_1x\ln x+C_2$　　　　　　　(B) $y=C_1x(\ln x-1)+C_2$

(C) $y=x\ln x$　　　　　　　　　　　(D) $y=C_1x(\ln x-1)+2$

3. 微分方程 $yy''-2y'^2=0$ 的通解为（　　　）.

(A) $y=\dfrac{1}{C_1-C_2x}$　　(B) $y=\dfrac{1}{C_1-C_2x^2}$　　(C) $y=\dfrac{1}{C-x}$　　(D) $y=\dfrac{1}{1-Cx}$

4. 求微分方程 $y''=\dfrac{1}{x}y'+x\mathrm{e}^x$ 的通解.

5. 求微分方程 $y''+\dfrac{2}{1-y}y'^2=0$ 的通解.

6. 求微分方程 $xy''=y'-1$ 满足初始条件 $y(1)=1,y'(1)=2$ 的特解.

7. 求微分方程 $yy''=2(y'^2-y')$ 满足 $y\big|_{x=0}=1,y'\big|_{x=0}=2$ 的特解.

8. 求微分方程 $xyy''+xy'^2-yy'=0$ 的通解.

§7.6　高阶微分方程解的结构

1. 已知一阶微分方程 $\dfrac{\mathrm{d}y}{\mathrm{d}x}+p(x)y=q(x)$ 的两个解 $y_1(x)$，$y_2(x)$，则该方程的通解是（　　）．

(A) $C_1 y_1(x)+C_2 y_2(x)$

(B) $C_1 y_1(x)+C_2[y_2(x)-y_1(x)]$

(C) $y_1(x)+C_2[y_2(x)+y_1(x)]$

(D) $y_1(x)+C_2[y_2(x)-y_1(x)]$

2. 若 y_1，y_2 是某个二阶线性齐次微分方程的解，则 $C_1 y_1+C_2 y_2$ 必然是方程的（　　）．

(A) 通解　　　　　　　　　　(B) 特解

(C) 解　　　　　　　　　　　(D) 全部解

3. 设 $y_1^*=\mathrm{e}^x$，$y_2^*=\mathrm{e}^{-x}$，$y_3^*=x+\mathrm{e}^x$ 是某个二阶线性非齐次微分方程的解，则此方程的通解为（　　）．

(A) $y=C_1\mathrm{e}^x+C_2\mathrm{e}^{-x}+x$

(B) $y=C_1 x+C_2(\mathrm{e}^x-\mathrm{e}^{-x})+\mathrm{e}^x$

(C) $y=C_1 x+C_2\mathrm{e}^{-x}+\mathrm{e}^x$

(D) $y=C_1(x+\mathrm{e}^x)+C_2\mathrm{e}^{-x}+\mathrm{e}^{-x}$

4. 设 y_1，y_2，y_3 为二阶非齐次线性方程 $y''+a_1(x)y'+a_2(x)y=f(x)$ 的三个线性无关解，则该方程的通解为（　　）．

(A) $C_1(y_1+y_2)+C_2 y_3$

(B) $C_1(y_1-y_2)+C_2 y_3$

(C) $C_1(y_1+y_2)+C_2(y_1-y_3)$

(D) $C_1 y_1+C_2 y_2+C_3 y_3$，其中 $C_1+C_2+C_3=1$

5. 已知 $y_1 = e^{x^2}$，$y_2 = xe^{x^2}$ 都是方程 $y'' - 4xy' + (4x^2 - 2)y = 0$ 的解，写出该方程的通解表达式.

§7.7 二阶常系数齐次线性微分方程

1. 已知微分方程 $\dfrac{d^2 y}{dx^2} + 2\dfrac{dy}{dx} + y = (x^2+1)e^x$，有下面四个结论：

  ①该方程为二阶微分方程；   ②该方程是常系数线性微分方程；

  ③该方程是非齐次线性微分方程； ④该方程是齐次线性微分方程.

  其中正确的是(　　).

  (A)①②③   (B)①②④   (C)①③④   (D)②③④

2. 微分方程 $\dfrac{d^2 y}{dx^2} - y = 0$ 的通解是(　　).

  (A)$y = e^x + e^{-x}$ (B)$y = e^x - e^{-x}$

  (C)$y = C_1 e^x + C_2 e^{-x}$ (D)$y = C_1 e^{2x} + C_2 e^{-2x}$

3. 微分方程(　　)的通解为 $y = C_1 e^{2x} + C_2 x e^{2x}$.

  (A)$y'' + 4y' + 4y = 0$ (B)$y'' - 4y = 0$

  (C)$y' + 4y = 0$ (D)$y'' - 4y' + 4y = 0$

4. 微分方程 $y'' - 4y' + 3y = 0$ 的通解 $y = $ _____.

5. 微分方程 $3y'' - 4y' + 7y = 0$ 的通解为 _____.

6. 设 $y = e^{2x}$ 是微分方程 $y'' + py' + 6y = 0$ 的一个解，则此方程的通解为 _____.

7. 设 a 为实数，求微分方程 $y'' + ay = 0$ 的通解.

8. 求微分方程 $y''' + y' = 0$ 的通解.

9. 设某三阶常系数齐次线性微分方程具有特解 $y_1 = e^{-x}, y_2 = 2xe^{-x}, y_3 = 3e^x$, 求该方程.

10. 设 $y = y(x)$ 满足条件 $y'' + 4y' + 4y = 0, y\big|_{x=0} = 2, y'\big|_{x=0} = 2$, 求 $y(x)$ 及不定积分 $\int y(x)\mathrm{d}x$.

§7.8　二阶常系数非齐次线性微分方程

1. 微分方程 $y'' - 5y' + 6y = 2xe^{3x}$ 的特解形式可设为（　　）.

(A) $y = (ax+b)e^{3x}$　　　　　　　　(B) $y^* = x(ax+b)e^{3x}$

(C) $y^* = x^2(ax+b)e^{3x}$　　　　　　(D) $y^* = ae^{3x}$

2. 微分方程 $y'' - 5y' + 6y = x^2e^{5x}$ 的特解 y^* 可设为（　　）.

(A) $y^* = x(b_0x^2 + b_1x + b_2)e^{5x}$　　　　(B) $y^* = x^2(b_0x^2 + b_1x + b_2)e^{5x}$

(C) $y^* = (b_0x^2 + b_1x + b_2)e^{5x}$　　　　(D) $y^* = x(b_0x + b_1)e^{5x}$

3. 对于微分方程 $y'' + y = \cos x$，利用待定系数法求其特解 y^* 时，设法正确的是
（　　）.

(A) $y^* = x(a\sin x + b\cos x)$　　　　(B) $y^* = a\cos x$

(C) $y^* = a\sin x + b\cos x$　　　　　　(D) $y^* = a\sin x$

4. 微分方程 $y'' + y' + y = 2e^{2x}$ 的一个特解为（　　）.

(A) $y^* = \dfrac{3}{7}e^{2x}$　　　(B) $y^* = \dfrac{3}{7}e^x$　　　(C) $y^* = \dfrac{2}{7}xe^{2x}$　　　(D) $y^* = \dfrac{2}{7}e^{2x}$

5. 微分方程 $y'' + y = x^2 + 1 + \sin x$ 的特解形式可设为（　　）.

(A) $y^* = ax^2 + bx + c + x(A\sin x + B\cos x)$

(B) $y^* = x(ax^2 + bx + c + A\sin x + B\cos x)$

(C) $y^* = ax^2 + bx + c + A\sin x$

(D) $y^* = ax^2 + bx + c + A\cos x$

6. 设函数 $f(x)$ 满足 $f'(x) = x^2 + \displaystyle\int_0^x f(t)\,\mathrm{d}t$，且 $f(0) = 2$，求 $f(x)$.

7. 已知二阶常微分线性方程 $y'' + ay' + by = ce^x$ 有特解 $y = e^{-x}(1 + xe^{2x})$，其中 a, b, c 为常数，求此微分方程的通解.

8. 求初值问题 $\begin{cases} y'' + 4y = \cos 2x, \\ y\big|_{x=0} = 0, \ y'\big|_{x=0} = 1. \end{cases}$

第七章总复习题

1. 以下五题中给出了四个结论，从中选择一个正确的结论：

(1) 设函数 $f(x)$ 在 $[0, +\infty)$ 内可导，$f(0) = 1$，且满足 $f'(x) + f(x) = \dfrac{1}{x+1}\int_0^x f(t)\mathrm{d}t$，则 $f'(x) = ($ $)$；

    (A) $-\dfrac{\mathrm{e}^{-x}}{x+1}$ (B) $-(x+1)\mathrm{e}^{-x}$ (C) $\dfrac{\mathrm{e}^{-x}}{x+1}$ (D) $(x+1)\mathrm{e}^{-x}$

(2) 微分方程 $y'' + 4y = \mathrm{e}^{-4x}\cos^2 x$ 的一个特解形式为（   ）（保留待定系数）；

    (A) $y^* = \mathrm{e}^{-4x}(a + Ax\cos 2x + Bx\sin 2x)$

    (B) $y^* = \mathrm{e}^{-4x}(ax + A\cos 2x + B\sin 2x)$

    (C) $y^* = \mathrm{e}^{-4x}(a + A\cos 2x + B\sin 2x)$

    (D) $y^* = x\mathrm{e}^{-4x}(a + A\cos 2x + B\sin 2x)$

(3) 若二阶常系数线性齐次微分方程 $y'' + py' + qy = 0$ 的通解为 $y = (C_1 + C_2 x)\mathrm{e}^x$，则非齐次方程 $y'' + py' + qy = 1$ 满足 $y(0) = y'(0) = 1$ 的解为（   ）；

    (A) $(1+x)\mathrm{e}^x + 2$ (B) $(2+x)\mathrm{e}^x + 1$

    (C) $(1+x)\mathrm{e}^x + x$ (D) $x\mathrm{e}^x + 1$

(4) 设 $y(x)$ 是微分方程 $y'' + (x-1)y' + x^2 y = \mathrm{e}^x$ 满足初始条件 $y\big|_{x=0} = 0$，$y'\big|_{x=0} = 1$ 的解，且 $y''(x)$ 连续，则 $\lim\limits_{x\to 0}\dfrac{y(x)-x}{x^2} = ($ $)$；

    (A) 1   (B) 2   (C) 0   (D) 不存在

(5) 一曲线 $y = f(x)$ 通过点 $(2, 3)$，它在两坐标轴间任一切线段均被切点平分，该曲线为（   ）.

    (A) $y = -x + 5$ (B) $xy = 6$

    (C) $y^2 = -x^2 + 13$ (D) $x^2 y = 12$

2. 填空：

(1) 已知积分曲线族 $y = \cos(x + C)$，则它所满足的微分方程为_____.

(2) 微分方程 $y' = \dfrac{y(1-x)}{x}$ 的通解为_____.

(3) 微分方程 $y\mathrm{d}x + (x - 3y^2)\mathrm{d}y = 0$ 满足条件 $y\big|_{x=1} = 1$ 的特解为_____.

(4) 设 $y = \mathrm{e}^x(C_1\sin x + C_2\cos x)$ 为某二阶常系数线性齐次微分方程的通解，则该方程为_____.

(5) 微分方程 $xy'' + y' = x$ 满足 $y\big|_{x=1} = 0$，$y'\big|_{x=1} = \dfrac{1}{2}$ 的特解为_____.

3. 求连接点 $A(0,1)$ 和 $B(1,0)$ 的一条(向上)凸的曲线的方程,对曲线上任意一点 $P(x,y)$,曲线弧段 AP 与线段 AP 之间的面积恰为 x^3.

4. 设 $y = e^x$ 是微分方程 $xy' + p(x)y = x$ 的一个解,求此微分方程满足条件 $y\big|_{x=\ln 2} = 0$ 的特解.

5. 求微分方程 $yy'' - y'^2 = y^2 \ln y$ 的通解.

6. 求微分方程 $x^2 y' + xy = y^2$ 满足 $y\big|_{x=1} = 1$ 的特解.

7. 求微分方程 $x^2 y'' = y'^2 + 2xy'$ 的通解.

8. 已知可微函数 $f(t)$ 满足 $\displaystyle\int_1^x \frac{f(t)}{t^3 f(t) + t} \mathrm{d}t = f(x) - 1$，求 $f(x)$ 所满足的方程.

9. 求微分方程 $y'' + y' = x^2 - 1$ 的通解.

习题答案与提示

第一章 函数与极限

§1.1 映射与函数

1. (1) $[0,2]$;

   (2) $(0,+\infty)$;

   (3) $(-\infty,0)\bigcup(0,1)\bigcup(1,+\infty)$;

   (4) $[-4,-\pi]\bigcup[0,\pi]$.

2. (1) $[1,e]$;   (2) $[0,\tan 1]$.

3. (1) 0;   (2) 偶,偶,奇,奇,偶,奇;

   (3) $\dfrac{\pi}{2}$;   (4) $\ln(1-x)$ $(x\leqslant 0)$.

4. (1) $y=\dfrac{1}{2}\ln\dfrac{1+x}{1-x}$ $(-1<x<1)$;

   (2) $y=\dfrac{\pi}{3}-\dfrac{1}{3}\arcsin\dfrac{x}{2}$ $(-2\leqslant x\leqslant 2)$.

5. 略.

§1.2 数列的极限

1. (1) 错; (2) 对; (3) 错; (4) 对.

2. (D).

3. (D).

4. (B).

5. 略.

6. 略.

7. 略.

8. 略.

§1.3 函数的极限

1. (1) 错; (2) 对; (3) 对; (4) 错.

2. (D).

3. 略.

4. 略.

5. 略.

6. 略.

7. 略.

§1.4 无穷小与无穷大

1. (1) 错;   (2) 对.

2. (C).

3. (D).

4. (B).

5. (A).

6. 略.

7. 略.

§1.5 极限运算法则

1. (1) 对; (2) 错; (3) 错; (4) 对.

2. (D).

3. (1) -1; (2) -2; (3) $2x$; (4) 2;

   (5) $\dfrac{1}{2}$; (6) $\dfrac{1}{3}$; (7) 2; (8) $\dfrac{1}{2}$;

   (9) 0; (10) 0; (11) -1; (12) ∞.

4. 1.

5. $a=1,b=-1$.

§1.6 极限存在准则 两个重要极限

1. (1) $\dfrac{3}{2}$; (2) 1; (3) $\dfrac{1}{2}$; (4) $\dfrac{1}{e}$;

   (5) e^{-2}; (6) 2.

2. 略.

3. 极限为 3.

§1.7 无穷小的比较

1. (B).

2. (D).

3. (B).

4. (1) 3; (2) 1; (3) $-\dfrac{1}{2}$; (4) 6;

   (5) 2; (6) $\dfrac{5}{7}$; (7) 0; (8) $\sqrt{2}$.

§1.8 函数的连续性与间断点

1. (1) 对; (2) 错; (3) 对; (4) 对.

2. (A).

3. (C).

4. (C).

5. $a=1$.

6. $x=1$ 是 $f(x)$ 的第一类跳跃间断点.

7. $x=0,x=k+\dfrac{1}{2}$ $(k=0,\pm 1,\pm 2,\cdots)$ 是

$f(x)$ 的第一类可去间断点. 补充定义

$f(0)=\dfrac{1}{\pi}, f\left(k+\dfrac{1}{2}\right)=0.$

$x=k$ $(k=\pm 1, \pm 2, \cdots)$ 为 $f(x)$ 的第二类(无穷)间断点.

§1.9 连续函数的运算与初等函数的连续性

1. (1)对； (2)对； (3)错.

2. 2.

3. (B).

4. (1)$\ln 2$； (2)0； (3)4； (4)1；

(5)$e^{-\frac{3}{2}}$； (6)e^2； (7)$e^{-\frac{1}{2}}$； (8)1；

(9)$\cos \alpha$； (10)$\dfrac{1}{e^2}$.

5. $a=1$ 或 $a=-\dfrac{3}{2}$.

§1.10 闭区间上连续函数的性质

1. (C).

2. 略.

3. 略.

4. 略.

5. 略.

第一章总复习题

1. (B).

2. (D).

3. (A).

4. (C).

5. (B).

6. e^2.

7. (1)$\dfrac{1}{2}$； (2)-2； (3)$\dfrac{1}{2}$； (4)$-\dfrac{1}{2}$；

(5)$\dfrac{1}{2}$； (6)$\dfrac{\pi}{2}$； (7)$\sqrt[3]{abc}$；

(8)$-\dfrac{1}{6}$.

8. 略.

9. 略.

10. $a=25, b=-20$.

11. $n=2$.

12. $\dfrac{\sin x}{x-\pi}+2$.

13. $f(x)=\begin{cases} 1, & 0<x\leqslant e, \\ \ln x, & x>e \end{cases}$ 在$(0,+\infty)$内

连续.

第二章 导数与微分

§2.1 导数概念

1. (1)$\dfrac{1}{2\sqrt{x}}, -\dfrac{1}{x^2}, -\dfrac{2}{x^3}, \dfrac{5}{6}x^{-\frac{1}{6}}$；

(2)$0,1,(-\infty,+\infty),(-\infty,0)\bigcup(0,+\infty)$；

(3)-2；

(4)$A, 2A$；

(5)一定,不一定；

(6)0.

2. $f'(x)=\begin{cases} -\sin x, & x<0, \\ e^x, & x>0. \end{cases}$

3. 略.

4. 切线方程为 $y=-\dfrac{1}{3}(x-5)$, 法线方程

为 $y=3(x-5)$.

5. f 在 $x=0$ 处可导,且 $f'(0)=0$.

6. $a=1, b=0, f'(x)=\begin{cases} \cos x, & x<0, \\ 1, & x\geqslant 0. \end{cases}$

§2.2 函数的求导法则

1. (1)$y'=3x^2-2^x\ln 2+2e^x$；

(2)$y'=\sec^2 x+2\sec x\tan x$；

(3)$y'=e^x(\sin x+\cos x)$；

(4)$y'=\dfrac{\ln x-1}{\ln^2 x}$；

(5)$y'=-\dfrac{1}{4\sqrt{x}}\csc^2\dfrac{\sqrt{x}}{2}-\dfrac{1}{x\sqrt{x}}\sec^2\dfrac{2}{\sqrt{x}}$；

(6)$y'=\dfrac{2\sqrt{x}+1}{4\sqrt{x}\sqrt{x+\sqrt{x}}}$；

(7)$s'=\dfrac{1}{t^2}\tan\dfrac{1}{t}$；

(8)$s'=2t\cos t^2\sin^2 t+\sin t^2\sin 2t$.

2. (1)$\dfrac{dy}{dx}=\sin 2x[f'(\sin^2 x)-f'(\cos^2 x)]$；

(2)$\dfrac{dy}{dx}=e^x f'(x\ln x)[f(x\ln x)+$

$2(\ln x+1)f'(x\ln x)]$.

3. $f'(a)=\varphi(a)$.

4. $f'(0)=-99!$.

5. $\dfrac{dy}{dx}=-\dfrac{4}{(2x-1)^2}\sin\left(\dfrac{2x+1}{2x-1}\right)^2$.

6. 略.

§2.3 高阶导数

1. (1) $y''=2-\dfrac{1}{2x^2}$;

(2) $y''=e^{2x}(-5\cos 3x-12\sin 3x)$;

(3) $y''=\sec x(\sec x+\tan x)^2$;

(4) $y''=\dfrac{-16x}{(1+4x^2)^2}$;

(5) $y''=\dfrac{1}{x}$;

(6) $y''=e^x(\cot e^x-e^x\csc^2 e^x)$;

(7) $y''=\dfrac{-\arcsin x}{\sqrt{(1-x^2)^3}}-\dfrac{x}{1-x^2}$;

(8) $y''=2x(3+2x^2)e^{x^2}$.

2. $\dfrac{d^2 y}{dx^2}=-4f^2(x)[f'(x)]^2\sin[f^2(x)]+2[f'(x)]^2\cos[f^2(x)]+2f(x)f''(x)\cos[f^2(x)]$.

3. 略.

4. $(-1)^n n!\left[\dfrac{1}{(x-2)^{n+1}}-\dfrac{1}{(x-1)^{n+1}}\right]$.

5. $\dfrac{\sqrt{2}}{2}n!$.

§2.4 隐函数及由参数方程所确定的函数的导数 相关变化率

1. (1) $2,5$; (2) $\dfrac{\sin t}{1-\cos t},-4$;

(3) $x-2y+1=0$; (4) $x=0$; (5) 40π.

2. (1) $\dfrac{d^2 y}{dx^2}=-2\csc^2(x+y)\cot^3(x+y)$;

(2) $\dfrac{d^2 y}{dx^2}=\dfrac{2(x^2+y^2)}{(x-y)^3}$.

3. (1) $\dfrac{d^2 y}{dx^2}=\dfrac{2+t^2}{(\cos t-t\sin t)^3}$;

(2) $\dfrac{d^2 y}{dx^2}=\dfrac{1}{f''(t)}$.

4. (1) $y'=\left(1+\dfrac{1}{x}\right)^{\sin x}\left[\cos x\ln\left(1+\dfrac{1}{x}\right)-\dfrac{\sin x}{x(1+x)}\right]$;

(2) $y'=\dfrac{e^{\sin x}\sqrt[4]{x+1}}{\sqrt[3]{x^2-1}}\left[\cos x+\dfrac{1}{4(x+1)}-\dfrac{2x}{3(x^2-1)}\right]$.

§2.5 函数的微分

1. (1) 1; (2) 略; (3) 负,负,负;

(4) 高阶,等价;

(5) $\dfrac{e^{\sin x}}{1+e^{2\sin x}},\dfrac{2\sqrt{x}\cos x e^{\sin x}}{1+e^{2\sin x}}$.

2. (1) $dy=\dfrac{x\cos x-\sin x}{x^2}dx$;

(2) $dy=-\dfrac{x}{|x|}\cdot\dfrac{1}{\sqrt{1-x^2}}dx$;

(3) $dy=x\cdot 2^{-x}\cdot(2-x\ln 2)dx$;

(4) $dy=2\sqrt{1+x^2}dx$.

3. $dy\big|_{x=e}=e^{e^e+e-1}(2e+1)dx$.

4. $dy\big|_{(0,0)}=-dx$.

第二章总复习题

1. (1)(B); (2)(B); (3)(C);

(4)(C); (5)(B).

2. (1) $f(a)-af'(a)$;

(2) $\left(\dfrac{x}{1+2x}\right)^x\left[\ln\dfrac{x}{1+2x}+\dfrac{1}{1+2x}\right]dx$;

(3) $y-2=-2(x-1)$ 和 $y-\dfrac{2}{3}=-\dfrac{2}{9}(x-3)$;

(4) $(2,1)$;

(5) 2^{2098}.

3. (1) $y'=\dfrac{e^x}{\sqrt{1+e^{2x}}}$;

(2) $y'=2xf\left(\arctan\dfrac{1}{x}\right)\left[f\left(\arctan\dfrac{1}{x}\right)-\dfrac{x}{1+x^2}f'\left(\arctan\dfrac{1}{x}\right)\right]$.

4. 略.

5. $f(x)g(x)$ 在 x_0 处可导,且导数为 $f'(x_0)g(x_0)$.

6. 略.

7. f 在 $x=0$ 处连续且可导,其导数为 0.

8. $y'(0)=-\dfrac{1}{e}, y''(0)=\dfrac{1}{e^2}$.

9. 略.

10. (1) $\dfrac{f'(1)}{f(1)}$; (2) 略.

第三章　微分中值定理与导数的应用

§3.1　微分中值定理

1. (C).

2. 略.

3. 提示：作函数 $F(x)=a_0x+\dfrac{1}{2}a_1x^2+\dfrac{1}{3}a_2x^3+\cdots+\dfrac{1}{n+1}a_nx^{n+1}$，在 $[0,1]$ 上用罗尔定理.

4. 提示：作函数 $\varphi(x)=e^{\alpha x}f(x)$，在 $[a,b]$ 上用罗尔定理.

5. 提示：$f(x)$ 分别在 $[x_1,x_2]$，$[x_2,x_3]$ 上用罗尔定理，得到 $\xi_1\in(x_1,x_2)$，$f'(\xi_1)=0,\xi_2\in(x_2,x_3),f'(\xi_2)=0$，再对函数 $f'(x)$ 在 $[\xi_1,\xi_2]$ 上用罗尔定理.

6. 提示：作函数 $f(x)=\arctan x+\arctan\dfrac{1-x}{1+x}$，证 $f'(x)=0$，且 $f(0)=\dfrac{\pi}{4}$.

7. 提示：作函数 $f(x)=\tan x$，在 $[a,b]$ 上用拉格朗日中值定理并利用 $\cos x$ 在 $\left(0,\dfrac{\pi}{2}\right)$ 内的单调性放缩.

8. 提示：$f(x)$ 分别在 $[0,1]$，$[1,2]$ 上用拉格朗日中值定理，得到 $\xi_1\in(0,1)$，$f'(\xi_1)=1,\xi_2\in(x_2,x_3),f'(\xi_2)=1$，再对函数 $f'(x)$ 在 $[\xi_1,\xi_2]$ 上用罗尔定理.

9. 提示：(1)作函数 $F(x)=x^2$，并对 $f(x)$，$F(x)$ 在区间 $[a,b]$ 上用柯西中值定理，可知存在 $\eta\in(a,b)$，使得 $\dfrac{f(b)-f(a)}{b^2-a^2}=\dfrac{f'(\eta)}{2\eta}$；

(2)上式变形得 $\dfrac{f(b)-f(a)}{b-a}=\dfrac{a+b}{2\eta}f'(\eta)$，再对 $f(x)$ 应用拉格朗日中值定理，存在 $\xi\in(a,b)$，使得 $\dfrac{f(b)-f(a)}{b-a}=f'(\xi)$，即：$f'(\xi)=\dfrac{a+b}{2\eta}f'(\eta)$.

§3.2　洛必达法则

1. (1)2；　(2)-1；　(3)1；　(4)$-\dfrac{1}{2}$；

(5)$\dfrac{1}{3}$；　(6)0；　(7)$e^{-\frac{1}{2}}$；　(8)1；

(9)e^{-1}；　(10)$\dfrac{1}{2}$.

2. 略.

3. 3(洛必达法则).

§3.3　泰勒公式

1. $e^x=1+x+\dfrac{x^2}{2!}+\dfrac{x^3}{3!}+\cdots+\dfrac{x^n}{n!}+\dfrac{e^{\theta x}}{(n+1)!}x^{n+1}\ (0<\theta<1)$.

2. $\sin x=x-\dfrac{x^3}{3!}+\dfrac{x^5}{5!}-\cdots+(-1)^{m-1}\dfrac{x^{2m-1}}{(2m-1)!}+o(x^{2m})$.

3. $(1+x)^\alpha=1+\alpha x+\dfrac{\alpha(\alpha-1)}{2!}x^2+\cdots+\dfrac{\alpha(\alpha-1)\cdots(\alpha-n+1)}{n!}x^n+o(x^n)$.

4. $f(x)=11+7(x-2)+4(x-2)^2+(x-2)^3$.

5. $\ln(1+2x)=2x-2x^2+\dfrac{8}{3}x^3-\dfrac{4}{(1+2\theta x)^4}x^4\ (0<\theta<1)$.

6. $\dfrac{1}{2+x}=\dfrac{1}{2}-\dfrac{x}{2^2}+\dfrac{x^2}{2^3}-\dfrac{x^3}{2^4}+\cdots+\dfrac{(-1)^nx^n}{2^{n+1}}+o(x^n)$.

7. 略.

8. 略.

9. (1)$\dfrac{1}{5}$；　(2)$-\dfrac{1}{12}$.

§3.4　函数的单调性与曲线的凹凸性

1. (1)在 $(-\infty,-1]$，$[3,+\infty)$ 内单调增加，在 $[-1,1)$，$(1,3]$ 上单调减少；

(2)在 $[1,e^2]$ 上单调增加，在 $(0,1]$，$[e^2,+\infty)$ 内单调减少；

(3)在 $[0,n]$ 上单调增加，在 $[n,+\infty)$ 内单调减少.

2. 略.

3. (1)在 $(0,e^{-\frac{3}{2}})$ 上是凸的，在 $(e^{-\frac{3}{2}},+\infty)$

内是凹的,拐点是 $\left(e^{-\frac{3}{2}}, -\frac{3}{2}e^{-3}\right)$;

(2)在 $\left(-\infty, \frac{1}{2}\right]$ 上是凹的,在 $\left[\frac{1}{2}, +\infty\right)$ 内是凸的,拐点是 $\left(\frac{1}{2}, e^{\arctan\frac{1}{2}}\right)$.

4. 作函数 $f(t) = t\ln t$,在 $(0, +\infty)$ 内是凹的,对任意 $x > 0, y > 0$ 有 $\frac{1}{2}\left[f(x) + f(y)\right] > f\left(\frac{x+y}{2}\right)$.

5. $k = \pm\frac{\sqrt{2}}{8}$.

6. $(x_0, f(x_0))$ 是拐点.

§3.5 函数的极值与最大值最小值

1. (B).

2. (D).

3. (1)极大值 $f(-3) = 0$,极小值 $f(-1) = -108$;

(2)极小值 $f(\pm1) = 1$.

4. 略.

5. (1)最小值 $y(2) = -14$,最大值 $y(3) = 11$;

(2)最小值 $f(2) = 0$,最大值 $f(3) = e^3$.

6. 当 $k < e - 3$ 时,没有实根;当 $k = e - 3$ 时,仅有一个实根;当 $k > e - 3$ 时,有两个实根.

7. $r = \sqrt[3]{\frac{V}{2\pi}}, h = 2r; d : h = 1 : 1$.

§3.6 函数图形的描绘

1. (D).

2. (A).

3. 铅直渐近线:$x = 2, x = 3$;水平渐近线:$y = 1$.

4. 斜渐近线:$y = x + 1, y = -x - 1$.

5. 略.

§3.7 曲率

1. $K = 1, \rho = 1$.

2. $K = \cos x$.

3. $K = \frac{1}{18}$.

4. $\left(\frac{\sqrt{2}}{2}, \ln\frac{\sqrt{2}}{2}\right), \rho = \frac{3\sqrt{3}}{2}$.

第三章总复习题

1. (B).

2. (B).

3. (C).

4. (C).

5. (A).

6. (1) $\frac{1}{6}\ln a$; (2) $-\frac{1}{2}$; (3) $e^{-\frac{2}{\pi}}$;

(4) $\sqrt[n]{a_1 a_2 \cdots a_n}$.

7. ka.

8. 提示:作函数 $F(x) = f(x) - \sin x$,在 $\left[0, \frac{\pi}{2}\right]$ 上用罗尔定理.

9. 提示:对 $f(x)$ 分别在 $[0, a]$,$[b, a+b]$ 上用罗尔定理,得到 $\xi_1 \in (0, a)$,$f'(\xi_1) = 0$,$\xi_2 \in (b, a+b)$,$f'(\xi_2) = 0$,再利用 $f'(x)$ 的单调性.

10. 对 $f(x)$ 和 $\ln x$ 在 $[a, b]$ 上用柯西中值定理.

11. 作函数 $f(x) = \ln x$,对 $f(x)$ 在 $[n, n+1]$ 上用拉格朗日中值定理,再利用 $\frac{1}{x}$ 的单调性进行放缩.

12. 略.

13. (1)在 $(-\infty, 0)$,$[2, +\infty)$ 内单调增加,在 $(0, 2]$ 上单调减少;$x = 2$ 时取极小值,$y(2) = 3$.

(2)在 $(-\infty, 0)$,$(0, +\infty)$ 内都是凹的,无拐点.

(3)函数图形有斜渐近线 $y = x$,和铅直渐近线 $x = 0$.

14. e^2.

15. $\sqrt[3]{3}$.

16. 略.

第四章 不定积分

§4.1 不定积分的概念与性质

1. (B).

2. (C).

3. $\frac{1}{6}x^3 + C_1 x + C_2$.

4. $\dfrac{1}{4}x^4+\dfrac{1}{3}x^3+\dfrac{1}{2}x^2+x+C.$

5. $(1)-\dfrac{3}{4}x^{-\frac{4}{3}}+C;$

$(2)\dfrac{4}{15}x^{\frac{15}{4}}+\dfrac{8}{11}x^{\frac{11}{4}}+\dfrac{4}{7}x^{\frac{7}{4}}+\dfrac{x^3}{3}+x^2+x+C;$

$(3)2e^x-\arctan x+3\arcsin x+C;$

$(4)\dfrac{2}{1-\ln 3}\left(\dfrac{e}{3}\right)^x-\dfrac{5}{\ln 2-\ln 3}\left(\dfrac{2}{3}\right)^x+C;$

$(5)-\cot x-\csc x+C;$

$(6)\sec x-\cot x-x+C;$

$(7)\dfrac{1}{2}\tan x+C;$

$(8)\sin x-\cos x+C;$

$(9)\tan x-\cot x+C;$

$(10)\sin\theta+\dfrac{1}{2}\theta^2+C;$

$(11)\arctan x+\ln|x|+C;$

$(12)\dfrac{2}{3}x^3-2x+2\arctan x+C;$

$(13)\begin{cases}\dfrac{x^3}{3}-\dfrac{2}{3}+C, & x\leqslant-1,\\ x+C, & -1<x<1,\\ \dfrac{x^3}{3}+\dfrac{2}{3}+C, & x\geqslant 1.\end{cases}$

6. $y=x^2+1.$

§4.2 换元积分法

1. (D).

2. $F(\varphi(x))+C.$

3. $\dfrac{1}{2}f(2x+3)+C.$

4. $\dfrac{\sin x^2}{2x^2}+C.$

5. $(1)\dfrac{1}{3}e^{3t}+\dfrac{1}{2}\cos 2t+C;$

$(2)-\dfrac{1}{3}\ln|5-3x|-\dfrac{1}{4}\sqrt{3-4x^2}+C;$

$(3)\arctan x^2+\dfrac{1}{4}\ln(1+x^4)+C;$

$(4)\dfrac{1}{2}\ln(x^2+4x+5)+C;$

$(5)-\dfrac{1}{2x^2\ln^2 x}+C;$

$(6)\dfrac{10^{3\arcsin x}}{3\ln 10}+C;$

$(7)\dfrac{1}{3\omega}\sin^3(\omega\theta+\varphi)+C;$

$(8)\sin x-\dfrac{1}{3}\sin^3 x+C;$

$(9)\dfrac{3}{4}x+\dfrac{1}{16}\sin 4x+C;$

$(10)\dfrac{1}{12}\tan^{12}x+C;$

$(11)\dfrac{1}{3}\tan^3 x-\tan x+x+C;$

$(12)-\dfrac{1}{5}\csc^5 x+\dfrac{2}{3}\csc^3 x-\csc x+C;$

$(13)\ln|\tan x|+C;$

$(14)-\dfrac{3}{2}(\sin x+\cos x)^{\frac{2}{3}}+C;$

$(15)\dfrac{1}{6}\sin 3x-\dfrac{1}{14}\sin 7x+C;$

$(16)\arctan(e^x)+C;$

$(17)\dfrac{\sqrt{3}}{3}\arcsin\dfrac{\sqrt{6}}{2}x-\dfrac{\sqrt{2-3x^2}}{3}+C;$

$(18)\dfrac{1}{2}\ln(\tan x)^2+C;$

$(19)\ln|\ln\ln x|+C;$

$(20)-\dfrac{1}{2}\left(\arctan\dfrac{1}{x}\right)^2+C;$

$(21)\dfrac{1}{2}\ln(x^2+4x+6)-\dfrac{1}{\sqrt{2}}\arctan\dfrac{x+2}{\sqrt{2}}+C;$

$(22)\dfrac{x^2}{2}-2\ln(x^2+4)+C;$

$(23)\dfrac{4}{5}\ln|x-4|+\dfrac{1}{5}\ln|x+1|+C;$

$(24)\dfrac{a^2}{2}\arcsin\dfrac{x}{a}-\dfrac{x}{2}\sqrt{a^2-x^2}+C;$

$(25)\dfrac{1}{3}\arccos\dfrac{3}{|x|}+C;$

$(26)\dfrac{1}{6}(2x+1)^{\frac{3}{2}}-\dfrac{x}{2}+C;$

$(27)\arcsin x-\dfrac{x}{1+\sqrt{1-x^2}}+C;$

$(28)\dfrac{1}{2}(\arcsin x+\ln|x+\sqrt{1-x^2}|)+C;$

$(29)-\sqrt{1-2x-x^2}-2\arcsin\dfrac{x+1}{\sqrt{2}}+C;$

$(30)\ln\left|\dfrac{\sqrt{x^2+4x+5}-1}{x+2}\right|+C;$

$(31)\ln\left|\dfrac{\sqrt{1+e^x}-1}{\sqrt{1+e^x}+1}\right|+C;$

$(32)\dfrac{1}{2}\left(\dfrac{x+1}{x^2+1}+\ln(x^2+1)+\arctan x\right)+C.$

§4.3 分部积分法

1. $\dfrac{1}{x}\mathrm{e}^{\frac{1}{x}}-3\mathrm{e}^{\frac{1}{x}}+C.$

2. $xf'(x)-f(x)+C.$

3. $(1)\,x\sin x+\cos x+C;$

$(2)\,x\ln x-x+C;$

$(3)\,x\arcsin x+\sqrt{1-x^2}+C;$

$(4)\,-\mathrm{e}^{-x}(x^2+2x+2)+C;$

$(5)\,\dfrac{\mathrm{e}^{2x}}{13}(2\cos 3x+3\sin 3x)+C;$

$(6)\,\ln|\cos x|+x\tan x-\dfrac{x^2}{2}+C;$

$(7)\,\dfrac{\mathrm{e}^{x^2}}{2}(x^2-1)+C;$

$(8)\,\dfrac{x^2}{4}-\dfrac{x}{2}+\dfrac{\sin 2x}{4}-\dfrac{x\sin 2x}{4}-\dfrac{\cos 2x}{8}+C;$

$(9)\,\dfrac{x^2-1}{2}\ln(x-1)-\dfrac{x^2}{4}-\dfrac{x}{2}+C;$

$(10)\,x\arctan\sqrt{x}+\arctan\sqrt{x}-\sqrt{x}+C;$

$(11)\,x(\arcsin x)^2+2\sqrt{1-x^2}\arcsin x-2x+C;$

$(12)\,x-\sqrt{1-x^2}\arcsin x+C.$

4. $\dfrac{x}{2}(\sin\ln x-\cos\ln x)+C.$

5. 提示：对 $\displaystyle\int\dfrac{\mathrm{d}x}{(x^2+a^2)^{n-1}}$ 用分部积分.

§4.4 有理函数的积分

1. $(1)\,\dfrac{x^3}{6}-\dfrac{x^2}{8}+\dfrac{x}{8}-\dfrac{1}{16}\ln|2x+1|+C;$

$(2)\,\dfrac{11}{7}\ln|x-5|+\dfrac{3}{7}\ln|x+2|+C;$

$(3)\,\dfrac{1}{2}\ln(x^2+4x+10)-\dfrac{1}{\sqrt{6}}\arctan\dfrac{x+2}{\sqrt{6}}+C;$

$(4)\,\dfrac{x^3}{3}+\dfrac{x^2}{2}+x+8\ln|x|-3\ln|x-1|-4\ln|x+1|+C;$

$(5)\,\dfrac{1}{4}\ln\left|\dfrac{x-1}{x+1}\right|-\dfrac{1}{2}\arctan x+C;$

$(6)\,-\dfrac{1}{2}\ln\dfrac{x^2+1}{x^2+x+1}+\dfrac{\sqrt{3}}{3}\arctan\dfrac{2x+1}{\sqrt{3}}+C;$

$(7)\,\arctan x-\dfrac{1}{x^2+1}+C;$

$(8)\,\ln|x|-\dfrac{1}{9}\ln|1+x^9|+C;$

$(9)\,\dfrac{8\sqrt{3}}{9}\arctan\dfrac{2x+1}{\sqrt{3}}+\dfrac{x+2}{3(x^2+x+1)}+C;$

$(10)\,\dfrac{1}{2}\ln\left|\dfrac{\tan\frac{x}{2}}{\tan\frac{x}{2}+2}\right|+C;$

$(11)\,\dfrac{3}{4}\sqrt[3]{(2x+1)^2}-\dfrac{3}{2}\sqrt[3]{2x+1}+\dfrac{3}{2}\ln|1+\sqrt[3]{2x+1}|+C;$

$(12)\,2\sqrt{x}-3\sqrt[3]{x}+6\sqrt[6]{x}-6\ln|\sqrt[6]{x}+1|+C;$

$(13)\,\ln\left|\dfrac{\sqrt{1+x}-\sqrt{1-x}}{\sqrt{1+x}+\sqrt{1-x}}\right|+2\arctan\sqrt{\dfrac{1+x}{1-x}}+C;$

$(14)\,\dfrac{3}{2}\sqrt[3]{\dfrac{x-1}{x+1}}+C.$

第四章总复习题

1. $\dfrac{(\cos x-\sin^2 x)^2}{2(1+x\sin x)^4}+C.$

2. $\dfrac{x}{2}+\dfrac{\sin 2x}{4}+C.$

3. $xf(x)+C.$

4. $x+2\ln|x-1|+C.$

5. $(1)\,\dfrac{1}{3}(1+x^2)^{\frac{3}{2}}-\sqrt{1+x^2}+C;$

$(2)\,\dfrac{1}{2}\arctan\sin^2 x+C;$

$(3)\,-\dfrac{1}{2}\mathrm{e}^{-2x}\arctan\mathrm{e}^x-\dfrac{1}{2}\mathrm{e}^{-x}-\dfrac{1}{2}\arctan\mathrm{e}^x+C;$

$(4)\,\dfrac{1}{104}(2x-3)^{13}+\dfrac{1}{16}(2x-3)^{12}+\dfrac{9}{88}(2x-3)^{11}+C;$

$(5)\,\dfrac{1}{\sqrt{2}}\arctan\dfrac{x-\frac{1}{x}}{\sqrt{2}}+C;$

$(6)\,\mathrm{e}^{\sin x}(x-\sec x)+C;$

$(7)\,2\arctan\sqrt{\dfrac{x-a}{b-x}}+C;$

$(8)\,\dfrac{x\mathrm{e}^x}{\mathrm{e}^x+1}-\ln(\mathrm{e}^x+1)+C;$

(9) $2x - \ln|\sin x + \cos x| + C$;

(10) $\dfrac{1}{a^2+b^2} e^{ax}(a\sin bx - b\cos bx) + C$;

(11) $\ln|x+2| - \dfrac{1}{2}\ln(x^2+x+1) +$

$\dfrac{5}{\sqrt{3}}\arctan\dfrac{2x+1}{\sqrt{3}} + C$;

(12) $-\dfrac{\arctan x}{x} - \dfrac{1}{2}\arctan^2 x + \ln|x| -$

$\dfrac{1}{2}\ln(1+x^2) + C$;

(13) $\dfrac{1}{2}(\sin x - \cos x) -$

$\dfrac{1}{2\sqrt{2}}\ln\left|\tan\left(\dfrac{x}{2}+\dfrac{\pi}{8}\right)\right| + C$;

(14) $\dfrac{x\ln x}{\sqrt{1+x^2}} - \ln(x+\sqrt{1+x^2}) + C$.

6. $\dfrac{\sin^2 2x}{\sqrt{x - \frac{1}{4}\sin 4x + 1}}$.

7. $\dfrac{e^{-x}f(x)}{x} + C$.

8. 略.

第五章 定积分

§5.1 定积分的概念与性质

1. $\dfrac{2}{\ln 2}$.

2. (1) $\displaystyle\int_0^1 \dfrac{1}{\sqrt{1+x^2}}\mathrm{d}x$; (2) $\displaystyle\int_0^1 \dfrac{1}{1+x}\mathrm{d}x$.

3. (1)(D); (2)(B).

4. 提示:利用积分中值定理.

5. 提示:反证法,利用连续函数的局部保号性.

6. 提示:利用定积分的保不等式性.

7. 提示:利用 $\displaystyle\int_a^b \left(x - \dfrac{a+b}{2}\right)\mathrm{d}x = 0$ 以及定积分的保不等式性.

§5.2 微积分基本公式

1. $\displaystyle\int_a^{x^2} f(t)\mathrm{d}t + 2x^2 f(x^2)$.

2. $2e^2$.

3. (1)(C); (2)(B); (3)(B).

4. (1) $-\dfrac{1}{10}$; (2) $\dfrac{\ln 2}{2}$; (3) $1 + \ln(2+\sqrt{3})$.

5. (1) $\dfrac{\pi}{6}$; (2) $\dfrac{\pi}{2}$; (3) $\dfrac{1}{e}\left(\arctan e - \dfrac{\pi}{4}\right)$;

(4) $\dfrac{1}{2}(1 - \ln 2)$;

(5) $\dfrac{\pi}{8} + \ln 3, \displaystyle\int_{-2}^x f(t)\mathrm{d}t =$

$\begin{cases} \dfrac{1}{2}\arctan\dfrac{x}{2} + \dfrac{\pi}{8}, & x \leqslant 0, \\ \dfrac{1}{2}\ln(1+2x) + \dfrac{\pi}{8}, & x > 0; \end{cases}$

(6) $a^2 f(a)$.

6. (1)提示:利用导数判断单调性;
(2)提示:证明导数为 0.

§5.3 定积分的换元法和分部积分法

1. $f(x)$.

2. 1.

3. $\dfrac{1}{T}\displaystyle\int_0^T f(x)\mathrm{d}x$.

4. (1)(A); (2)(C); (3)(B).

5. (1) $\dfrac{\pi}{2}$; (2) $2n$; (3) 1.

6. (1) 0; (2) $\dfrac{1}{2}\pi a^3$; (3) $\dfrac{\pi}{4}$; (4) $\dfrac{1}{4}(\pi+3)$;

(5) $\dfrac{\pi}{6} - \dfrac{2}{9}$; (6) $\dfrac{1}{2}(e\sin 1 + e\cos 1 - 1)$;

(7) $\dfrac{\pi}{2\sqrt{2}} - \ln(1+\sqrt{2})$; (8) $\dfrac{1}{4}\left(\dfrac{1}{e} - 1\right)$.

7. (1)提示:利用换元法;
(2)提示:利用换元法;
(3)提示:取 $y=1$.

§5.4 反常积分

1. (1) $\dfrac{1}{2}$; (2)发散; (3) $\dfrac{\pi}{4} + \dfrac{1}{2}\ln 2$;

(4) -1; (5) $\dfrac{\pi}{2}$; (6) π.

2. $p < 0$ 时收敛,积分值为 $-\dfrac{2}{p^3}$;$p \geqslant 0$ 时发散.

3. $\dfrac{(2n-1)!!}{(2n)!!} \cdot \dfrac{\pi}{2}$.

第五章总复习题

1. (1) $\dfrac{1}{4}$; (2) 2; (3) $\dfrac{1}{3}(\pi - \sqrt{3})$;

(4)4π；　(5)4.

2. (1)(D)；　(2)(B)；　(3)(C).

3. (1)略；　(2)$\dfrac{2}{\pi}$.

4. (1)略；　(2)$\dfrac{\pi^2}{4}$.

5. $\dfrac{x}{3+\sin^2 x}-\dfrac{\pi}{4}\ln 3$.

6. $\dfrac{1-\sqrt{2}}{3}$.

7. (1)$2-\dfrac{\pi}{2}$；　(2)$\ln 3$；　(3)$\dfrac{1}{\sqrt{2}}\ln(1+\sqrt{2})$；

(4)$1-\dfrac{\sqrt{3}}{2}$.

8. 提示：构造函数 $F(k)=\displaystyle\int_0^k f(x)\mathrm{d}x - k\displaystyle\int_0^1 f(x)\mathrm{d}x$.

9. 提示：构造函数 $F(x)=\dfrac{1}{x}\displaystyle\int_0^x f(t)\mathrm{d}t$.

10. 提示：对 $f(x)-f(0)$ 和 $f(x)-f(1)$ 分别使用拉格朗日中值定理.

第六章　定积分的应用

§6.2　定积分在几何学上的应用

1. $\mathrm{e}+\dfrac{1}{\mathrm{e}}-2$.

2. $a=4, b=-6, c=0$.

3. $\dfrac{3}{8}\pi a^2$.

4. $\dfrac{1}{4}\pi a^2$.

5. $\dfrac{5\pi}{24}-\dfrac{\sqrt{3}}{4}$.

6. 切点坐标$(2,4)$，切线方程为 $y=4x-4$，体积为$\dfrac{16\pi}{15}$.

7. $\dfrac{\pi^2}{2}-\dfrac{2\pi}{3}$.

8. $V_1=\dfrac{\pi^2}{2}, V_2=\pi^2-2\pi$.

9. 当 $a=2$ 时，最大值为$\dfrac{16}{15}\pi$.

10. 4.

11. $\dfrac{\pi}{4}$.

12. $\dfrac{8}{3}(2\sqrt{2}-1)$.

§6.3　定积分在物理学上的应用

1. $\dfrac{4}{3}\pi\rho R^4 g$.

2. $\dfrac{4}{3}\pi\rho g$.

3. $|\overline{F}|=\dfrac{2k\delta q}{R}$.

4. $\dfrac{1}{6}a\rho g h^2$.

5. $\dfrac{GmM}{a(a+l)}$.

第六章总复习题

1. (1)$y=\dfrac{\sqrt{6}x}{6}+\dfrac{\sqrt{6}}{4}$；　(2)$\pi^2$.

2. (1)(B)；　(2)(C).

3. $\dfrac{5+4\sqrt{2}}{6}$.

4. $y=\dfrac{32}{9}x^2$.

5. $\dfrac{16}{3}\pi$.

6. $V(a)=-\dfrac{\pi}{4}\mathrm{e}^{-2a}(2a^2+2a+1)+\dfrac{\pi}{4}$，

$\lim\limits_{a\to+\infty}V(a)=\dfrac{\pi}{4}$.

7. (1)当 $k=\dfrac{1}{\sqrt{2}}$ 时,最小值为$k=\dfrac{\pi}{5}\left(1-\dfrac{1}{\sqrt[3]{4}}\right)$；

(2)$\dfrac{1}{2}\left(1-\dfrac{1}{\sqrt[3]{2}}\right)$.

8. $a\ln\dfrac{a}{b}$.

9. $\dfrac{a}{8}(2\pi+3\sqrt{3})$.

10. $\dfrac{2\sqrt{2}GmM}{\pi R^2}$.

11. $kMm\left(\dfrac{1}{a}-\dfrac{1}{\sqrt{a^2+x^2}}\right); \dfrac{kMm}{a}$.

第七章　微分方程

§7.1　微分方程的基本概念

1. (B).

2. (C).

3. 是；不是.

4. 略.

5. $y = xy' + y'^2$.

§7.2 可分离变量的微分方程

1. (B).

2. (D).

3. (D).

4. $(1+y)(1-x) = 2$.

5. $\arctan y = x^2 + \dfrac{\pi}{4}$.

6. $(x^2+1)\sin y = \dfrac{\sqrt{2}}{2}$.

7. $\arcsin y = \arcsin x + C$.

8. $\sin y \cdot (1+e^x) = \sqrt{2}$.

9. $\pi e^{\frac{\pi}{4}}$.

§7.3 齐次方程

1. (B).

2. $y = xe^{Cx}$.

3. $\sin \dfrac{y}{x} = \dfrac{1}{2}x$.

4. $ye^{\frac{x}{y}} + x = C$.

5. $e^{\frac{y^2}{2x^2}} = Cx$.

6. $y = Ce^{\frac{y}{x}}$.

§7.4 一阶线性微分方程

1. (B).

2. (A).

3. $y = \dfrac{1}{\arcsin x}\left(x - \dfrac{1}{2}\right)$.

4. $\dfrac{1}{x^2} = \dfrac{C}{y^2} - \dfrac{2}{3}y$.

5. $x(y-1) + e^y = C$.

6. $y = x + \dfrac{e}{\ln x}$.

7. $x = \ln y - \dfrac{1}{2} + \dfrac{C}{y^2}$.

8. $y^{-1} = -x^3 + Cx$.

9. $(1)\, F'(x) + 2F(x) = 4e^{2x}$;

$\quad (2)\, F(x) = e^{2x} - e^{-2x}$.

§7.5 可降阶的高阶微分方程

1. (D).

2. (B).

3. (A).

4. $y = (x-1)e^x + \dfrac{C_1}{2}x^2 + C_2$.

5. $y = 1 - \dfrac{1}{C_1 x + C_2}$.

6. $y = \dfrac{1}{2}x^2 + x - \dfrac{1}{2}$.

7. $\arctan y = x + \dfrac{\pi}{4}$.

8. $y^2 = C_1 x^2 + C_2$.

§7.6 高阶微分方程解的结构

1. (D).

2. (C).

3. (B).

4. (D).

5. $y = (C_1 + C_2 x)e^{x^2}$.

§7.7 二阶常系数齐次线性微分方程

1. (A).

2. (C).

3. (D).

4. $C_1 e^x + C_2 e^{3x}$.

5. $y = e^{\frac{2}{3}x}\left(C_1 \cos \dfrac{\sqrt{17}}{3}x + C_2 \sin \dfrac{\sqrt{17}}{3}x\right)$.

6. $y = C_1 e^{2x} + C_2 e^{3x}$.

7. 当 $a < 0$ 时，通解为 $y = C_1 e^{-\sqrt{-a}x} + C_2 e^{\sqrt{-a}x}$；

当 $a = 0$ 时，通解为 $y = C_1 + C_2 x$；

当 $a > 0$ 时，通解为 $y = C_1 \cos \sqrt{a}\,x + C_2 \sin \sqrt{a}\,x$.

8. $y = C_1 + C_2 \cos x + C_3 \sin x$.

9. $y''' + y'' - y' - y = 0$.

10. $y(x) = (2 + 6x)e^{-2x}$;

$\displaystyle \int y(x)\,dx = -3xe^{-2x} - \dfrac{5}{2}e^{-2x} + C$.

§7.8 二阶常系数非齐次线性微分方程

1. (B).

2. (C).

3. (A).

4. (D).

5. (A).

6. $f(x) = 2e^x - 2x$.

7. $y = C_1 e^x + C_2 e^{-x} + x e^x$.

8. $y = \dfrac{1}{2} \sin 2x + \dfrac{1}{4} x \sin 2x$.

第七章总复习题

1. (1)(A); (2)(C); (3)(D);
   (4)(A); (5)(B).

2. (1) $y'^2 + y^2 = 1$; (2) $y = Cx e^{-x}$;
   (3) $y = \sqrt{x}$; (4) $y'' - 2y' + 2y = 0$;
   (5) $y = \dfrac{1}{4} x^2 - \dfrac{1}{4}$.

3. $y = 1 - 6x^2 + 5x$.

4. $y = e^x (1 - e^{-x - \frac{1}{2}})$.

5. $\ln y = C_1 e^{-x} + C_2 e^x$.

6. $y = \dfrac{2x}{1 + x^2}$.

7. $y = -\dfrac{1}{2} x^2 - C_1 x - C_1^2 \ln|x - C_1| + C_2$.

8. $\dfrac{1}{x^2} = \dfrac{5}{3f^2(x)} - \dfrac{2}{3} f(x)$.

9. $y = C_1 + C_2 e^{-x} + x \left(\dfrac{1}{3} x^2 - x + 1 \right)$.